现代植物营养学实验

主　编　吴洪生
副主编　沈李东　程　诚

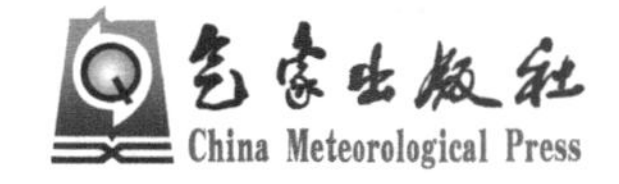

图书在版编目（CIP）数据

现代植物营养学实验 / 吴洪生主编. -- 北京 : 气象出版社, 2022.12
ISBN 978-7-5029-7891-4

Ⅰ. ①现… Ⅱ. ①吴… Ⅲ. ①植物营养－实验－高等学校－教学参考资料 Ⅳ. ①Q945.1-33

中国版本图书馆CIP数据核字(2022)第246681号

Xiandai Zhiwu Yingyangxue Shiyan

现代植物营养学实验

出版发行：气象出版社
地　　址：北京市海淀区中关村南大街 46 号　　邮政编码：100081
电　　话：010-68407112（总编室）　010-68408042（发行部）
网　　址：http://www.qxcbs.com　　E-mail：qxcbs@cma.gov.cn
责任编辑：张盼娟　　终　　审：张　斌
责任校对：张硕杰　　责任技编：赵相宁
封面设计：艺点设计
印　　刷：北京建宏印刷有限公司
开　　本：787 mm×1092 mm　1/16　　印　　张：10.25
字　　数：262 千字
版　　次：2022 年 12 月第 1 版　　印　　次：2022 年 12 月第 1 次印刷
定　　价：40.00 元

本书编委会

主　编：吴洪生

副主编：沈李东　程　诚

编　委（按姓氏笔画顺序）：

丁　军　冯迎辰　刘　政　李贞伟

李妍慧　段亚军

前　言

植物营养学是农业资源与环境专业本科生的必修专业课程，是一门专业性和实践性都很强的课程，只是单纯的理论学习，无法让学生深入理解和掌握所学内容，更无法从事相关的科研工作。作为配套的植物营养学实验，是一门独立的理论联系实际的实践课程。植物营养学实验的学习和实际操作训练，可以提高学生的动手能力，使其熟悉植物营养学研究的常用方法和基本技能，为将来继续深造和科研、生产、应用打下坚实的基础。

本实验教材与以往的植物营养学实验教材的编排体系、实验案例选择、编排思路有所不同，属于创新性尝试。传统植物营养学实验教材一般只安排6～10个最经典的实验。本实验教材分为三章：基础理论验证实验、基本技能操作实验、高级技能拓展实验。在基础理论验证实验部分，把传统的植物缺素症等实验与植物营养学三个经典定律验证结合起来，设计实验内容和方案，即把德国化学家和植物营养学家李比希（Justus von Liebig，1803—1873）提出的矿质营养学说、养分归还学说、最小养分律与植物缺素症结合起来，同时与植物必需营养元素的"三性"（必要性、不可替代性、直接作用性）结合起来考虑，所以本教材命名为《现代植物营养学实验》，这是本实验教材的特色之一。

现代科技发展日新月异、突飞猛进，许多新技术、新装备应用到植物营养学研究中，同时植物生长的生态环境发生了很大变化，农业生产方式和生产条件也发生了很大变化，人们对于粮食和食品的要求越来越高，气候变化、土壤污染、水污染、大气污染、土壤退化、过量施用化肥等给作物生长带来许多新的植物营养学和农产品品质问题，因此在基本技能操作实验和高级拓展技能实验部分增加了诸如农产品品质与植物养分的关系，温室气体排放增加对植物养分吸收转运的影响，大气污染对植物养分吸收利用的影响，近地面臭氧浓度增加对植物养分吸收利用的影响，近地面紫外辐射增加对植物养分吸收利用的影响，大气二氧化硫、二氧化氮污染对植物养分吸收转运的影响，土壤逆境条件（酸、碱、盐等）下植物养分吸收利用的变化。本实验教材中增加了这部分内容，目的是拓展学生的学术视野，以适应新形势下的植物营养学发展需要。这是本实验教材的特色之二。

近20年来人们对于土壤－植物－微生物互作关系的研究加深，土壤微生物对植物养分吸收利用的影响和生态互作得到重视。许多微生物菌剂如土壤改良菌剂、植物秸秆腐熟剂、耐盐碱微生物制剂、植物根际促生菌剂、解磷解钾菌剂、重金属钝化菌剂、固氮菌剂、土传病害拮抗菌剂等大量研发应用到土壤中，改良土壤，活化土壤，促进植物养分吸收和利用，提高植物抗逆性，因此本实验教材增加了植物内生菌根真菌、根际促生菌、豆科植物共生根瘤菌对植物养分吸收的影响。考虑到近30年设施栽培的普及和影响，出现设施栽培土传病害频发和土壤连作障碍现象，导致作物生长受阻、产量下降，农产品品质退化，影响了我国设施农业的发展，因此本实验教材增加了土传病害和寄生菌对植物养分吸收和利用的影响。考虑到现在很多学校开设了分子生物学课程，并购置了相应的分子生物学实验仪器和设备，比如聚合酶链式反应仪(PCR 仪)、电泳仪、凝胶成像仪、变性梯度凝胶电泳仪(DGGE)、荧光显微镜等,能够开展相应的分子生物学研究,因此本实验教材相应增加部分开展植物营养分子生物学的实验。所有这些内容的目的在于拓展学生的高级技能,使其掌握现代植物营养学技术,为将来继续深造和从事相关植物营养学高级研究打下基础。这是本实验教材的特色之三。

在本实验教材中,每个实验后都安排了一定数量的思考题,要求学生完成实验后除了撰写实验报告外,还要完成课后思考题,加深学生对实验的理解和记忆,做到理论联系实际、灵活运用、学以致用,提高科技创新意识和能力。这是本实验教材的特色之四。

感谢我的博士研究生段亚军,硕士研究生丁军、李妍慧、刘政、李贞伟、冯迎辰等,他们利用学习、科研的业余时间帮助我分头搜集整理本实验指导书编写过程中的相关章节资料,并参加编辑校对工作。

本实验教材可以供农业大学、师范大学和综合性大学的农业资源与环境专业、生态学专业、环境科学专业、植物学专业、生物学专业、植物生理学专业的本科生及研究生使用。作者从南京农业大学土壤农化系毕业后一直从事土壤微生物及植物营养的科研教学工作,一直有一个愿望,就是编写一本创新性的植物营养学实验教材。由于本实验教材在编排体系、编排思路上尝试创新,难免存在不足,恳请广大师生在使用本教材的过程中提出宝贵建议。各学校和教师在使用本实验教材时,可以根据具体情况做适当取舍。

吴洪生

2022 年 8 月于南京

植物营养学实验学习方法

植物营养学是一门理论与实践相结合的学科，除了学习理论课外，还必须进行实验教学，才能真正理解和掌握所学知识。

（1）首先上好理论课。理论课老师讲授的内容与实验课程密切相关。要认真上好每一堂理论课，掌握植物营养学的基础理论知识，完成课后作业。

（2）及时做好理论课的复习和知识点的回顾总结归纳，联系实际，举一反三。

（3）做实验前首先预习要做的实验内容，了解实验目的，掌握实验原理，熟悉实验材料、设备，牢记有关注意事项。

（4）要牢记实验步骤和程序，尤其是涉及危险品实验的操作，必须严格按照操作规程进行，防止发生意外。

（5）实验结束后要及时完成实验报告和每个实验后面的思考题，加深对所学理论知识和实验内容及原理的理解与应用。

（6）建议在学习这门实验课前，具备一定的无机化学、有机化学、分析化学、植物学、仪器分析、土壤学、微生物学、分子生物学、土壤农化分析等课程和实验基础。

植物营养学实验室学生守则

为了维护良好的实验教学秩序，确保人身、公私财产、各类专业设备的安全，培养学生严谨求实的科学作风和爱护国家财产的优秀品质及安全操作意识，要求每位学生必须遵守实验室学生守则。

(1)学生初次使用实验室，请仔细阅读并遵守实验室的各项规章制度，尤其是危险化学品和易制爆化学品的安全使用规程、保管存放、领用登记规定。

(2)实验前必须充分预习，认真阅读实验指导书，明确实验任务，弄清实验原理，拟定实验步骤，做好预习报告，并做好仪器、化玻、药品的借用工作，注意易制毒和易制爆化学品的安全使用、领用规程和注意事项。班长或者学习委员应当在上课之前做好值日生安排工作(3～5人)。

(3)进入实验室，首先要穿好工作防护服，在称取或者操作有毒有害物质时，必须在正常的通风橱内进行。使用仪器设备前，必须熟悉其性能，预习操作方法和注意事项，并在使用中严格遵守。对一些精密仪器和化玻易耗品，请严格按照仪器使用规范操作。损坏仪器、器材按学校有关规定处理。

(4)实验中应认真观察实验现象，记录实验数据。实验过程中不得打闹嬉戏、大声喧哗，要保持实验室安静。实验结束后，实验记录应附在实验报告后，作为原始实验数据。按要求认真书写实验报告。

(5)实验过程中遇到故障或异常情况，应及时报告指导教师，不得擅自处理，待查明原因、经指导教师同意后方可继续实验。发生事故后应认真总结经验、吸取教训。

(6)遵守实验室纪律，注意保持室内整洁、安静；在做分子生物学实验时，不能随便走动，要穿好工作服，戴好口罩。

(7)实验过程万一发生意外，比如酸碱溶液等飞溅到脸上、头部等身体部位，应根据具体飞溅物开启实验室内喷淋装置，用大量清水快速冲洗，然后再去医院处理。对于有毒性气体外溢的实验一定要在功能正常的通风橱内进行，同时带上面罩或者防毒面具。

(8)万一发生人身伤害事件，应及时告诉在场指导教师，并协助指导教师拨打“120”联系医院救护。在医护人员到来前，应协助指导教师对受伤学生进行简单应急处理，脱离伤害源，做好相关防护，防止伤害进一步加重。

(9)实验结束后，清洗化玻，整理药品并做好归还工作。对于剧毒化学品，实验结束后要放入专门的垃圾处理箱，不得随意丢弃在普通垃圾桶。关掉仪器设备的电源开关，仪器设备桌椅工具等应恢复到实验前的状态。对于必须常开电源的冰柜、冰箱、培养箱等，不能关闭电源。

(10)实验完成后，所有学生把自己实验台上的废物进行收集，并送到规定的垃圾箱，将实验物品和试剂归还原处。值日生协助实验室教师打扫卫生后，方可离开实验室。

实验记录及实验报告要求

每次实验要做到课前认真预习，操作中仔细观察并如实记录有关的现象与数据，课后及时完成实验报告。

一、课前预习

课前要将实验名称，目的和要求，实验内容与原理，操作方法和步骤等简单扼要地写在记录本中，做到心中有数。

二、实验观察记录

实验过程中，应及时记录实验现象和实验结果，包括出现的异常现象，为实验失败提供原因说明，必要时拍照保存。实验结束后，应及时整理和总结实验结果，撰写实验报告。

三、实验报告

实验结束后，应及时整理和总结实验结果，撰写实验报告，完成实验习题。按照实验内容，报告可分为定性和定量两大类。实验报告的格式如下。

实验报告中，目的和要求，原理以及操作方法部分应简单扼要地叙述，实验条件（试剂配制及仪器）和操作的关键环节必须写清楚。对于结果部分，应根据要求将一定条件下获得的结果和数据进行整理、归纳、分析和对比，并尽量总结成各种图表，如原始数据及其处理的表格，标准曲线图以及比较组与对照组结果的图表等。另外，还应针对结果进行必要的说明和分析，讨论部分可以包括：关于方法（或操作技术）和有关项目的一些问题，如对正常结果和异常现象以及思考题进行探讨；对于设计的认识、体会和建议、改进意见等。

四、实验要求

实验报告正文统一用A4纸，每一实验要有一个“实验报告”题头，下面一行写上姓名、学号、专业、班级、课程名称、指导教师等。打印（可双面）报告，但不可复制别人的实验报告，必要时采用软件对实验内容进行比对（单个句子）。实验应独立完成，同样，实验报告应独立撰写，不得抄袭。

五、注意事项

实验室是进行科研实验的地方，做实验时应保持安静、整洁、有序，不得大声喧哗、打闹嬉戏。对于有一定危险性的试剂配制和操作过程，指导老师必须事先讲清楚注意事项，同时提醒大家。有毒和有废气排放的实验，必须在通风橱内进行。通风橱要事先检查是否功能正常，同时必须佩戴面罩或者防毒面具。实验结束后，必须安排值日生打扫卫生、清理实验室。实验过程中的物品不得随意丢弃，尤其是易制爆化学品和易制毒化学品，必须按照公安部门对于化学品的管理要求进行处理。班委协助指导老师最后检查验收完后方可离开实验室，离开时必须关闭不用的电源和水源。

六、思考题

本实验教材在每章后面安排了一定数量的思考题，供学生在做完实验、完成实验报告后练习使用，目的在于加深实验内容理解和记忆，加强理论联系实际，触类旁通，融会贯通。

目　录

第一章 基础理论验证实验

植物养分研究过程中出现很多植物营养假说，但是大多不全面，以偏概全，直到19世纪后期，德国著名的化学家和植物营养学家李比希和他的学生们从化学的角度系统全面地进行元素研究，提出了近代植物营养学的三大经典学说，被国际科学界公认为植物营养科学的奠基人。1840年，他们在伦敦英国有机化学年会上发表了题为《化学在农业和生理学上的应用》的著名论文，首次提出了植物矿质营养学说，并否定了当时流行的同是德国科学家的泰伊尔的腐殖质营养学说。李比希反驳说，腐殖质作为一种有机物质，是在地球有了能进行光合作用合成有机物的植物以后才出现的，而不是在绿色植物出现以前，因此植物的原始养分只能是矿物质，这就是矿质营养学说的主要论点。

通过进一步的研究，李比希进一步提出了养分归还学说，认为植物以不同的方式从土壤中吸收矿质养分，使土壤养分逐渐减少。连续种植会使土壤贫瘠，为了保持土壤肥力，就必须把植物带走的矿质养分和氮素以施肥的方式归还给土壤，否则不断地栽培植物势必会引起土壤养分的损耗，而使土壤变得十分贫瘠，产量很低，甚至寸草不生，如通过施肥使之归还，就能维持土壤养分平衡。由此看出，养分归还学说对恢复和维持土壤肥力有积极意义。从植物营养学科技史来看，李比希提出的矿质营养学说是植物营养学新旧时代的分界线和转折点，它使得植物营养学真正成为一门科学，并以崭新的面貌出现在农业科学的领域之中。

随着研究的持续进行，李比希和他的学生们继续总结研究成果，并在1843年《化学在农业和生理学上的应用》一书的第3版中提出了最小养分律。这一理论的中心意思是，作物产量受土壤中相对含量最少的养分所控制，作物产量的高低则随最少养分补充量的多少而变化，后人又称水桶理论。最小养分律指出了作物产量与养分供应上的矛盾，必须平衡施肥，奠定了今天农业上测土配方施肥、平衡施肥实践的理论基础。这些学说至今仍然在指导各国农业科学研究和农业生产。理论来源于实践，实践验证理论，理论指导实践，从实践中来，到实践中去，李比希及其学生们的理论联系实际的科学研究方法至今仍在农业科学研究中应用。

几乎在李比希的同时代，有很多科学家采用水培方法研究植物营养元素的种类和功能，比如萨克斯、克诺普、霍格兰等，分别从不同角度研究植物必需的营养元素。直到1939年，著名科学家阿隆和斯托德结合自己的试验同时总结当时流行的一些植物营养液配方，提出了植物必需营养元素的三条鉴定标准，也就是植物必需营养元素的三性原则。第一是这种化学元素对所有植物的生长发育是不可缺少的，缺少这种元素就不能完成其生命周期，对高等植物来说，即由种子萌发到再结出种子的过程(必要性)。第二是缺乏这种元素后，植物会表现出特有的症状，而且其他任何一种化学元素均不能代替其作用，只有补充这种元素后症状才能减轻或消失(不可替代性)。第三是这种元素必须直接参与植物的新陈代谢,对植物起直接的营养作用,而不是改善环境的间接作用(直接作用性)。今天人们在研究植物营养及其生理功能,或者指导农业生产和施肥时,仍然遵循这三个标准。

实验一　矿质营养学说验证——植物缺素症观察一

一、实验目的

(1)学习配置溶液培养原液，利用原液配置完全培养液和缺素培养液的方法。
(2)了解验证矿质元素生理功能的原理与方法。
(3)验证矿质营养学说。
(4)验证植物必需营养元素对于植物生长发育的必要性。

二、实验原理

水培法培养植物也称溶液培养，是德国植物营养生理学家萨克斯和克诺普在1860年试验成功的，在阐明植物对养分的功能中有很大用途，也是施肥理论的基础。现在已知植物生长有17种必需营养元素，其中3种大量营养元素，3种中量营养元素，其余是微量营养元素。为了研究某种元素是否是植物生长的必需营养元素，采用水培方法，在水中加减某种元素，然后观察植物生长的表现。该法能够根据不同目的自由地控制植物生长所需要的营养元素，研究植物生长对矿质元素的需求和矿质元素在植物生长发育过程中的作用。植物生长所需要的营养元素本质上是溶解于水的矿质元素，是土壤矿物经过长期风化溶解释放而来，闪电也会将空气中的氮气和水汽合成铵态氮随降雨进入土壤，被植物根系吸收进入植物体内满足植物的生长发育需要。当土壤(溶液)中缺乏某种营养元素时，植物的生长发育受到影响，表现出专一缺素症，并能从外观上显露。本实验使用完全培养液和缺素培养液培养植物，观察植物的生长情况。如果用完全培养液培养植物，植物正常生长；如果使用缺氮、缺磷、缺钾、缺钙、缺镁、缺硫、缺铁等缺少某种元素的培养液培养植物时，植物不能正常生长发育，从外观上看到株高变矮，叶色变黄、变红、变白，叶脉斑点，叶尖焦枯、卷曲等情况，可证明必需营养元素对植物生长的重要性和必要性。

三、实验材料

1. 实验器皿和设备

电子天平、分析天平、滤纸、微型增气泵、培养皿、纯水仪、水培杯、烧杯、光照培养箱或者人工气候室、量筒、移液管、洗耳球、称量纸、刻度移液器、角匙、pH计、玻璃棒。

2. 实验试剂

10% HCl、10% NaOH、30% H_2O_2、$Ca(NO_3)_2 \cdot 4H_2O$、KNO_3、$NH_4H_2PO_4$、KH_2PO_4、$MgSO_4 \cdot 7H_2O$、$CaCl_2$、KCl、H_3BO_3、$MnSO_4 \cdot 5H_2O$、$CuSO_4 \cdot 5H_2O$、$ZnSO_4 \cdot 7H_2O$、H_2MoO_4、NaFeDTPA(10%Fe)、$NiSO_4 \cdot 6H_2O$、$NaSiO_3 \cdot 9H_2O$。另外准备去离子水和灭

菌离子水。

3. 实验材料

黄瓜苗、番茄苗、水稻或者油菜幼苗(根据各校实际情况选择)。

四、实验步骤

(1)将黄瓜种子或者水稻种子用15%双氧水(过氧化氢)浸泡20 min,进行表面消毒。然后用水浸泡24 h,充分吸胀后,播于消毒过的湿润细沙中,28 ℃光照培养箱或室外培养,每天观察细沙水分,保持潮湿但是不积水状态。当幼苗长到3叶1芯时,去除最高和最矮的幼苗,选择长势相同的植株进行水培。

(2)按照表1.1成分配制100 mL大量元素母液(1000 mmol/L)、各种微量元素母液100 mL、$NiSO_4 \cdot 6H_2O$母液(0.25 mmol/L)和50 mL $NaSiO_3 \cdot 9H_2O$母液(1000 mmol/L)各50 mL。

表1.1 培养液母液配方和1000 mL培养液母液的吸收用量

元素种类	试剂名称	分子质量/(g/mol)	浓度/(mmol/L)	浓度/(g/L)	每升培养液中取原液的毫升数/mL
大量元素	KNO_3	101.10	1000	101.10	6.0
	$Ca(NO_3)_2 \cdot 4H_2O$	236.16	1000	236.16	4.0
	$NH_4H_2PO_4$	115.08	1000	115.08	2.0
	$MgSO_4 \cdot 7H_2O$	246.48	1000	246.48	1.0
	KH_2PO_4	136.09	1000	136.09	1.0
微量元素	$CaCl_2$	110.98	1000	110.98	5.0
	KCl	74.55	500	55.49	0.4
	H_3BO_3	61.83	12.5	0.773	0.4
	$MnSO_4 \cdot H_2O$	169.01	1.0	0.169	0.4
	$ZnSO_4 \cdot 7H_2O$	287.54	1.0	0.288	0.4
	$CuSO_4 \cdot 5H_2O$	249.68	0.25	0.062	0.4
	H_2MoO_4(85%MoO_3)	161.97	0.25	0.040	0.4
	NaFeDTPA(10%Fe)	468.20	64	30.000	0.6

(3)按照表1.2配方,分别配制完全培养液、缺氮培养液、缺磷培养液、缺钾培养液等培养液各1000 mL。用pH计测量培养液pH值,用10%稀盐酸或者10%氢氧化钠溶液调节培养液pH值为6.0~6.5。如果是水稻幼苗调节培养液pH值为5.0~6.0。

(4)取8个培养杯,洗净,做好标记(完全培养、缺氮培养、缺磷培养和缺钾培养等培养)。各加入1000 mL相对应的培养液,将气泡分散头一端与微型增气泵连接,另一端放入培养杯的营养液中。

(5)每杯培养4或5株幼苗,用海绵或者泡沫板固定,将培养杯置于光照培养箱或培养温室内,白天28 ℃,夜晚18 ℃,每天光照12~14 h。如果是光照培养箱培养,要设置1000 lux以上照度;如果是人工气候室培养,要选择波长大于320 nm的高压钠灯作为光源。每天早中晚夜开动微型增气泵 4 次，每次通气 30 min。

表 1.2　培养液配方

（单位：mL）

试剂名称	完全	缺氮	缺磷	缺钾	缺钙	缺镁	缺硫	缺铁
KNO_3	6.0	0	6.0	0	6.0	6.0	6.0	6.0
$Ca(NO_3)_2 \cdot 4H_2O$	4.0	0	4.0	4.0	0	4.0	4.0	4.0
$NH_4H_2PO_4$	2.0	0	0	2.0	2.0	2.0	2.0	2.0
$MgSO_4 \cdot 7H_2O$	1.0	1.0	1.0	1.0	1.0	0	0	1.0
KH_2PO_4	0	1.0	0	0	0	0	0	0
$CaCl_2$	0	5.0	0	5.0	0	0	0	0
KCl	0.4	0.4	0.4	0	0.4	0.4	0.4	0.4
H_3BO_3	0.4	0.4	0.4	0.4	0.4	0.4	0.4	0.4
$MnSO_4 \cdot H_2O$	0.4	0.4	0.4	0.4	0.4	0.4	0	0.4
$ZnSO_4 \cdot 7H_2O$	0.4	0.4	0.4	0.4	0.4	0.4	0	0.4
$CuSO_4 \cdot 5H_2O$	0.4	0.4	0.4	0.4	0.4	0.4	0	0.4
H_2MoO_4(85%MoO_3)	0.4	0.4	0.4	0.4	0.4	0.4	0	0.4
NaFeDTPA(10%Fe)	0.6	0.6	0.6	0.6	0.6	0.6	0.6	0
$NiSO_4 \cdot 6H_2O$	2.0	2.0	2.0	2.0	2.0	2.0	0	2.0
$Na_2SiO_3 \cdot 9H_2O$	1.0	1.0	1.0	1.0	1.0	1.0	1.0	1.0

注：每个缺素液最后都用灭菌蒸馏水定容至 1000 mL。

五、各母液用量计算

根据公式(1.1)，计算配置完全培养液、缺氮培养液、缺磷培养液、缺钾培养液、缺钙培养液、缺镁培养液各 800 mL 需要从各种培养母液中吸取的体积用量，用表格表示。

$$取母液的量(mL)=\frac{需要稀释浓度(mmol/L)\times 配置培养液体积(mL)}{母液浓度(mmol/L)} \quad (1.1)$$

六、实验观察与记录

培养 5～10 d 后，开始观察植株生长状况、外观，重点观察与全营养液生长的植株对比，如株高、叶色、叶片是否有斑点、叶脉是否变色、叶尖和叶缘是否呈灼烧状或者枯焦状或者卷曲，并及时记录、拍照。

七、注意事项

(1)使用粒径 0.5～1.0 mm 黄沙时，事先要用自来水将黄沙冲洗干净，用过氧化氢浸泡 1 h 进行消毒。

(2)必须使用双蒸水、去离子水或者纯净水，确保水中不含营养元素，最好灭菌，防止时间长了温度高，生长霉菌。

(3)实验所用药品必须为分析试剂级(AR)，严格控制试剂中的杂质含量，使用器具要洁净。

(4)NaFeDTPA属于螯合铁化合物。也可以用NaFeEDTA代替，现场配制，称取Na_2-EDTA 7.45 g和$FeSO_4 \cdot 7H_2O$ 5.57 g分别用水溶解后，定容至1000 mL。在配置培养液时，取量与表1.2中NaFeDTPA(10%Fe)相同。

(5)本实验做完不能破坏或者扔掉植物，继续保留供下面的实验二、三使用。

八、思考题

(1)德国学者泰伊尔提出的腐殖质营养学说的本质是什么？能否全面否定该学说？

(2)李比希的矿质营养学与泰伊尔的腐殖质营养学说有什么区别与联系？

(3)在植物营养学发展史上，还有哪些著名的植物营养实验和学说？其代表人物有哪些？

(4)怎样理解万物土中生？

(5)植物水培的意义是什么？

(6)水培过程中为什么要经常通气？培养液的pH值有何变化？为什么？

(7)为什么有些缺素症首先出现在幼嫩组织中，而另一些缺素症首先出现在较老的组织中？

(8)从唯物主义原理分析矿质营养学说的科学意义，以及“藏粮于地，藏粮于技”的科学性。

实验二　养分归还学说验证——植物缺素症观察二

一、实验目的

(1)了解缺乏氮、磷、钾元素培养的植株出现的表型症状。
(2)验证植物营养矿质学说。
(3)验证养分归还学说。
(4)验证养分的直接作用性。

二、实验原理

植物在生长过程中需要17种必需大量营养元素和微量营养元素,当土壤中缺乏任何一种必需的矿质元素时,都会引起植物的根、茎、叶、花、果实、种子出现特有的生理病症,造成植物生理病害。这种病害与由病菌引起的病害不同,不能用抗生素等治疗恢复,必须要施用缺少的元素才能治疗恢复。针对实验一中各种不同缺素培养液培养的植物营养器官或者生殖器官的外形、大小、颜色等进行病症观察,同时在培养液中加入相应的元素,或者将缺素营养液更换成完全营养液,继续培养一段时间,观察上述症状是否消失或者缓解,从而判断哪些元素是植物生长必需的营养元素。

三、实验材料

实验材料同实验一,继续实验一的培养。

四、实验步骤

(1)利用实验一中的培养杯营养液,每天补足培养杯内的水分至原来的高度,每周更换1次培养液,同时用pH计测定培养液pH值,用10%稀盐酸和10%稀氢氧化钠调节培养液pH值在6.0。每天用干净的玻璃棒搅拌培养液5～7次。每次补水和更换营养液后要立即开动微型增气泵,搅拌营养液,使得营养液元素混合均匀,pH值一致。

(2)在28 ℃、每天光照12～14 h条件下继续培养20～30 d,观察在缺素营养液中生长的植株,与在完全溶液培养的植株进行外观比较,考察植物叶片数目、光泽、叶色、叶脉、叶尖、叶缘、植株高度、根的数目、光泽和长度等方面是否出现明显症状。

(3)将部分缺素培养液更换成完全培养液,继续培养植株,7～14 d后,观察植物叶片出现的症状是否有变化,是消失、缓解,还是加重?

(4)另一部分仍然保持在缺素营养液中继续培养20～30 d,再将缺素培养液更换成完全营养液，继续培养植株。7～14 d后观察植物叶片出现的症状是否有变化，是消失、缓解，还是加重？

五、实验记录及结果计算

及时记录在不同培养液培养15 d植株的叶色、叶片数目、病叶数目、病斑颜色、叶尖形状、叶缘形状、叶脉形状、缺素症出现的叶片部位、嫩叶病症、植株高度、根鲜重等，详细记录在表格中。

六、注意事项

实验过程中严格使用纯净水配制溶液，详细记录植物叶色、叶片数目、叶脉、株高、叶尖、病斑等的变化，注意植物营养缺乏引起的生理性病害与由病菌或环境污染引起的植物病害的区别与联系。每天要早中晚夜开动微型增气泵4次，每次30 min，增加营养液中氧气，同时混合营养液，使营养液成分均匀。同时注意观察另一部分延期更换完全营养液的植株叶片等的缺素症变化情况。另外还有部分没有更换完全营养液的植株继续培养，准备实验三。

七、思考题

(1)不同植物经过缺氮或缺磷溶液培养，其出现病症的时间和程度会相同吗？为什么？

(2)说说两部分不同时期更换完全营养液培养的植株缺素症恢复情况的差别。

(3)什么是植物养分的临界期？什么是植物的最大需肥期？

(4)养分归还学说对农业生产的指导作用是什么？

(5)说说养分归还学说与肥料工业的关系。

(6)从养分归还学说谈谈我国实行最严格的耕地保护政策的必要性。

实验三　最小养分律验证——植物缺素症观察三

一、实验目的

(1)了解缺乏氮、磷、钾元素培养的植株出现的表型症状。

(2)验证植物营养矿质学说。

(3)验证最小养分律(又称限制因子律)。

(4)验证植物养分的不可替代性。

二、实验原理

植物在生长过程中,需要全部必需元素,才能完成其生长发育的全部生命周期,当缺乏任何任意一种必需的矿质养分元素时,都会引起植物的根、茎、叶、花、果实、种子出现特有的生理病症。这些特征有的在外观上表现,有的在内部组织细胞或者功能上表现,缺素后植物都不能健康地生长。植物对不同营养元素的需要量不同,有的需要量很大,称为大量营养元素;有的需要量极少,称为微量营养元素。无论是大量营养元素还是微量营养元素都是植物生长必不可少的养分元素,缺一不可,相互之间不可替代。每种植物的必需营养元素都是不可或缺的,如果其他元素都很充足,但是其中一种必需营养元素哪怕是需要量极少的微量元素缺乏,植物仍然无法正常生长发育,不能完成其完整的生命周期,因此植物必须养分均衡,所有必需营养元素都要满足,才能健康生长发育。前面的实验分别在培养液中缺乏某种元素,考察单一元素的缺乏对植物生长的影响和限制。

三、实验材料

继续实验二的培养。用化学元素周期表中同族元素磷代替缺氮营养液,用同族元素氮代替缺磷营养液,用同族元素钠代替缺钾营养液,用同族元素钡代替缺镁营养液和缺钙营养液,制备0.2 mol/L KH_2PO_4、0.2 mol/L KNO_3、0.2 mol/L NaCl、0.2 mol/L $BaCl_2$ 溶液。

四、实验步骤

(1)对实验一(二)培养杯中的缺素营养液,每天用灭菌去离子水补足培养杯内的水分至第1次液体的高度,每周更换1次不完全培养液。加水和更换营养液后都要立即开动微型增气泵,通气搅拌30 min,使得营养液成分均匀,到处充满氧气,pH值均匀。

(2)在28 ℃左右,每天1000 lux光照12 h,连续培养3～4周,观察在缺素溶液中生长的植株，与在完全溶液培养的植株比较，观察缺素营养液中生长的植株在叶片数目、叶色、叶脉、叶尖、植株高度、根的数目和长度等方面是否出现明显症状。

(3)在缺氮培养液杯中添加 50 mL 0.2 mol/L KH_2PO_4 溶液，缺磷培养液杯中添加 50 mL 0.2 mol/L KNO_3 溶液，缺钾培养液杯中添加 50 mL 0.2 mol/L NaCl 溶液，缺钙培养液杯中添加 50 mL 0.2 mol/L $BaCl_2$ 溶液，缺镁培养液杯中添加 50 mL 0.2 mol/L $BaCl_2$ 溶液，继续培养植株，1～2 周后，观察在步骤(2)出现的症状是否有变化，是消失、缓解，还是加重？

五、实验记录与结果计算

记录和分析在不同培养液培养 15 d 植株的叶色、叶片数目、病叶数目、叶脉、叶尖、嫩叶病症、植株高度、根鲜重等，比较不同限制因子(缺素)对植物生长的影响，并用表格呈现结果。

六、注意事项

本实验成败关键之一是配制营养液的水必须是纯净水，不能含有矿物质，尤其是很多自来水含有大量农田流失的铵态氮和硫酸盐，采用蒸馏或者离子交换树脂去除不干净，会有少量铵态氮和磷酸盐残留，建议采用超滤-反渗透纯水机制备超纯水，保证实验的成功。植物缺素症不同元素出现的时间和表现不同，所以要有耐心等待和细心观察，尤其是某种微量元素的缺乏有时外观很难发现症状，这时更需要耐心，不能因为没有看到变化就判断实验失败。

七、思考题

(1)为什么植物生长发育往往受最缺乏的那个养分元素的影响和限制？

(2)最小养分律与我国开展的测土配方施肥与平衡施肥有什么关系？

(3)从植物营养传统三定律如何理解习近平总书记提出的“藏粮于地、藏粮于技”？

(4)从辩证唯物主义观点评价最小养分律的科学性和合理性，以及在指导科学施肥中的重要意义。

实验四　植物缺素诊断——植物组织氮磷钾含量分析

植株全氮含量的测定

一、实验目的和要求

1. 实验目的

学会通过测定植物组织成分含量诊断植物缺素方法，掌握 H_2SO_4-H_2O_2 消化-蒸馏定氮法测定植株全氮的原理和操作方法。

2. 实验要求

溶液中残余的 H_2O_2 必须分解除去；消化完全标志是溶液无色透明；检查2%硼酸溶液pH值是否变化；蒸馏定氮时应注意消化管密封和加入的氢氧化钠溶液足量；确保待测液中 NH_3 蒸馏完毕。

二、实验原理(不包括硝态氮)

植物样品首先经浓硫酸的脱水碳化、氧化等一系列作用后，有机成分被氧化成二氧化碳和水，其中蛋白质氧化变成铵态氮，原来植物组织中的铵态氮仍然以铵态氮形式存在，而未被硫酸破坏和分解的有机物和碳又经过双氧水分解出的新生态氧的强烈氧化作用，从而使有机氮等转化为无机铵盐，消煮液中的铵用半微量蒸馏法定氮，从而计算出植株中氮的含量。

三、实验仪器和材料

1. 需用的仪器

150 mL(细口)、250 mL三角瓶；万分之一电子天平、电热板或普通电炉、定氮仪等。

2. 需用的试剂

浓硫酸、双氧水、2%硼酸溶液、定氮指示剂等。

四、实验步骤

称植株样品→加浓硫酸和 H_2O_2 消化→容量瓶中定容→准确吸取一定体积待测液→添加氢氧化钠溶液→加热蒸馏→硼酸吸收铵态氮→定氮→结果计算。

五、教学方式

实验操作过程分小班进行，即每位教师指导学生人数不得超过 16 人；实验过程中学生两人一组。实验前，老师先检查学生实验内容预习情况，再由老师讲解实验原理、操作方法和注意事项，学生们再动手操作。实验过程中老师随时提醒学生应注意的问题或指出操作不当等情况，最后检查每位学生实验过程所得原始数据。

六、考核要求

(1)植株样品的消化过程和消化完全的标志。

(2)定氮仪的测定原理和使用。

(3)待测液定量体积估算。

(4)标准铵态氮的回收实验。

(5)硼酸吸收液和氢氧化钠加入量的估算。

(6)硫酸标准溶液浓度的选择。

七、注意事项

实验报告要求写明实验目的意义、实验原理、操作步骤、原始数据记录、结果计算和注意事项以及实验结果分析或实验过程出现的问题。本实验中要添加浓硫酸和双氧水，同时要加温，有一定的危险性，必须在指导老师的指导下开展本实验，一定要在通风橱进行，实验人员必须穿戴实验防护服，有条件的地方给所有实验人员佩戴防护面罩。实验过程中要缓慢升温，不能急速升温，同时要控制温度不能超过 300 ℃。

八、思考题

(1)该实验中加入的浓硫酸有何作用？加入双氧水有何作用？为何不连续加浓硫酸代替双氧水？

(2)该实验中加入氢氧化钠溶液的作用是什么？

(3)如果该实验中同时测定硝态氮，如何改进方法？

(4)农田土壤中除了施用的氮肥外，其他氮素主要来源于哪里？

植株全磷含量的测定

一、实验目的和要求

1. 实验目的

学会通过检测分析植株体内某种元素含量诊断植物营养状况；掌握 H_2SO_4-H_2O_2 消化-钒钼黄比色法测定植株全磷的原理和操作方法。

2. 实验要求

待测液制备要求同植株全氮含量测定；比色时溶液酸度控制在 0.50～1.10 mol/L。

二、实验原理

植物样品经 H_2SO_4-H_2O_2 消煮分解制备待测液方法同植株全氮含量测定，待测液中正磷酸在酸性条件下能与偏磷酸盐和钼酸盐作用生成黄色的杂聚化合物钒钼酸盐，其黄色深浅与溶液中正磷酸中磷含量在一定浓度范围内成正相关，通过比色可定量测定磷含量。

三、实验仪器和试剂

1. 需用的仪器

150 mL 细口三角瓶、50 mL 容量瓶、万分之一电子天平、电热板或普通电炉、722 或 723 型分光光度比色计等。

2. 需用的试剂

浓硫酸、双氧水、钒钼酸铵试剂、10 mol/L NaOH、2,6-二硝基酚指示剂等。

四、实验步骤

植物样品消化(同植株全氮含量测定)→待测液干过滤→准确吸取一定体积滤液于容量瓶→加入 2,6-二硝基酚→10 mol/L NaOH 调至刚呈黄色→加入钒钼酸铵试剂→定容→于波长 450 nm 处比色测定→结果计算。

五、教学方式

实验操作过程分小班进行，即每位教师指导学生人数不得超过 16 人；实验过程中学生两人一组。实验前，老师先检查学生实验内容预习情况，再由老师讲解实验原理、操作方法和注意事项，学生们再动手操作。实验过程中老师随时提醒学生应注意的问题或指出操作不当等情况，最后检查每位学生实验过程所得原始数据。

六、考核要求

(1)分光光度计的测定原理和使用。

(2)待测液定量体积估算。

(3)磷标准浓度系列溶液的制作。

七、注意事项

实验报告要求写明实验目的意义、实验原理、操作步骤、原始数据记录、结果计算和注意事项以及实验结果分析或实验过程出现的问题。注意一定要消煮彻底,不然溶液的黄色影响最终的钼黄比色结果。

八、思考题

(1)该实验过程中为何比色时溶液酸度控制在0.50~1.10 mol/L?

(2)该法与钼蓝比色法测定磷元素有何异同?

植株全钾含量的测定

一、实验目的和要求

1. 实验目的

学会通过测定植物组织中的元素含量诊断植物组织养分供应状态;掌握 H_2SO_4-H_2O_2 消化-火焰光度法测定植株全钾含量的原理和操作方法。

2. 实验要求

待测液制备要求同植株全氮含量测定;标准钾溶液系列中加入与待测液等量的空白溶液。

二、实验原理

植物样品经 H_2SO_4-H_2O_2 消煮分解制备待测液方法同"植株全氮含量的测定",待测液中的钾经稀释后即可于火焰分光光度计上直接测定。

三、实验仪器和试剂

1. 需用的仪器

150 mL细口三角瓶、50 mL容量瓶、万分之一电子天平、电热板或普通电炉、火焰光度计。

2. 需用的试剂

浓硫酸、双氧水、100 mg/L K 标准溶液。

四、实验步骤

植物样品待测液制备(方法同植株全氮含量测定)→待测液干过滤→稀释→火焰光度计上直接测定→结果计算。

五、教学方式

实验操作过程分小班进行，即每位教师指导学生人数不得超过 16 人；实验过程中学生两人一组。实验前，老师先检查学生实验内容预习情况，再由老师讲解实验原理、操作方法和注意事项，学生们再动手操作。实验过程中老师随时提醒学生应注意的问题或指出操作不当等情况，最后检查每位学生实验过程所得原始数据。注意，由于待测液中还有硫酸，用火焰光度计比色测定时，不能将待测液溅到比色槽内，造成比色槽金属部分腐蚀。

六、考核要求

(1)植株样品的消化过程和消化完全的标志。

(2)火焰光度计的测定原理和使用。

(3)待测液定量体积估算。

(4)钾标准浓度系列溶液的制作和运用。

七、注意事项

实验报告要求写明实验目的意义、实验原理、操作步骤、原始数据记录、结果计算和注意事项以及实验结果分析或实验过程出现的问题。火焰光度计使用过程中，有的老式仪器需要用汽油或者煤油做燃气，操作要慎重，防止发生意外。新型火焰光度计用天然气做燃气，在调节火焰锥时一定要有耐心，慢慢调节。还有，标准系列曲线的浓度最高不要超过 35 mg/L，否则结果误差很大。

八、思考题

(1)火焰光度计测定钾的基本原理是什么？

(2)火焰光度计测定钾是吸收光谱还是发射光谱？

第二章　基本技能操作实验

实验一　植物根系对矿质元素的吸收

一、实验目的

(1)了解植物根系对矿质元素的吸收。

(2)学习电感耦合等离子体原子发射光谱仪(ICP-AES)的使用。

(3)学会植物液体培养液的配制。

(4)学会植物的水培方法。

二、实验原理

矿质营养元素是植物生长发育的必需条件,其在植物体内作为酶或辅酶的组成成分时具有很强的专一性,是植物生长发育不可或缺的。植物细胞对矿质元素的吸收是整个植株吸收和利用矿质元素的基础,而植物对矿质元素吸收的主要器官是根系,根系矿质元素的吸收及利用情况直接影响植物正常的生长发育。

三、实验材料和仪器设备

1. 实验材料

禾本科植物玉米。

2. 仪器设备

电感耦合等离子体原子发射光谱仪(ICP-AES)、粉碎机、电子天平。

四、实验步骤

采用水培方式,移栽玉米苗前,选择内径 1000 mL 的塑料烧杯在烧杯中加入 1000 mL 霍格兰(Hoagland)营养液;在营养液中加入 6 种矿质元素 Ca、Cu、Fe、Mn、Mg、Zn 的可溶性盐,使得溶液中的这些矿质元素浓度为 20～50 mg/L。选择健壮、长势一致的玉米幼苗移栽，每烧杯定植 3 株。

将株高 5 cm 左右的玉米苗移栽到烧杯里的泡沫板空隙中，固定好植株。同时设置单纯 Hoagland 溶液的烧杯做对照（不加其他矿质元素可溶性盐），移栽长势相同的育苗 3 株。静置培养，每天观察营养液面与玉米苗根系接触情况，添加相同的 Hoagland 营养液，保持玉米根系与营养液充分接触。培养 10～15 d 后，采集玉米 3 株，洗净玉米植株根部，105 ℃杀青 15 min，70 ℃烘干，剪碎，粉碎，过 80 目筛。取 5 g 粉末于 600 ℃灼烧后加入浓硝酸适量，使样品溶解，过滤，将滤液置于量瓶中，定容备用。采用电感耦合等离子体原子发射光谱仪（ICP-AES）测定不同处理组玉米根中 Ca、Cu、Fe、Mn、Mg、Zn 6 种矿质元素的吸收情况。

同时，将烧杯中剩余的营养液转移到 1 L 的容量瓶，加水定容至 1000 mL，摇匀，静置，采用电感耦合等离子体原子发射光谱仪（ICP-AES）测定对照和添加矿质元素的营养液中 Ca、Cu、Fe、Mn、Mg、Zn 6 种矿质元素的质量。

五、矿质元素计算

分别计算玉米植株吸收的 6 种矿质元素总量和剩余营养液中 6 种矿质元素的含量，计算玉米植株从营养液中总共吸收了各种矿质元素多少毫克。

六、注意事项

记录实验原理、实验方法、玉米植株和剩余培养液中 6 种矿质元素的质量，以及每株玉米植株平均从培养液种吸收多少矿质元素。本实验中有些矿质元素含量很低，因此要用 ICP-AES 分析测定，能精确到 0.3 mg/L，因此，做该实验的水一定要用纯度很高的水和浓硝酸，不然对测定结果影响很大。

七、思考题

（1）植物吸收矿质元素的途径有哪些？

（2）矿质元素在植物体内的运输方式有哪些？

（3）通过植物吸收土壤矿质元素的机理分析土壤重金属进入作物体内并在农产品残留积累的机理与过程。

实验二　植物根系活力的测定

植物根系是活跃的吸收器官和合成器官，根的生长情况和活力水平直接影响地上部分的营养状况及产量水平。本实验练习测定根系活力的方法，为植物营养研究提供依据。

一、实验目的

(1)掌握植物根系活力的测定方法。

(2)了解植物根系脱氢还原酶对植物吸收养分的重要性。

二、方法原理

氯化三苯基四氮唑(TTC)是标准氧化电位为80 mV的氧化还原色素，溶于水中成为无色溶液，但还原后即生成红色而不溶于水的三苯甲臜，如下式：

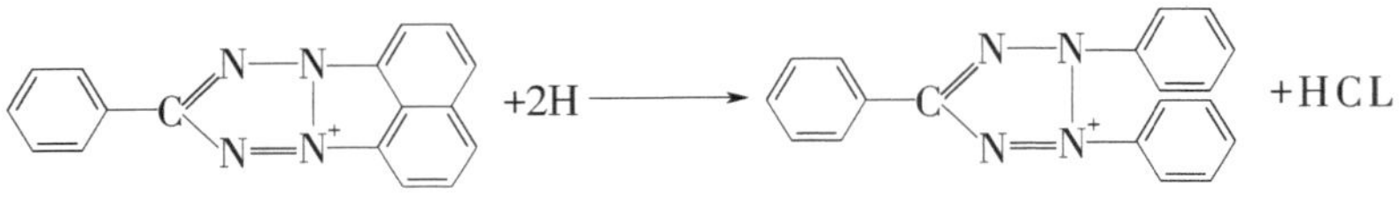

+2H → +HCL

(TTC)　　　　(三苯甲臜)

生成的三苯甲臜比较稳定，不会被空气中的氧自动氧化，所以TTC被广泛用于酶试验的氢受体，植物根系中脱氢酶所引起的TTC还原可因加入琥珀酸、延胡索酸、苹果酸得到增强，而被丙二酸、碘乙酸所抑制。所以TTC还原量能表示脱氢酶活性，并作为根系活力的指标。

三、实验材料及仪器设备

1. 实验材料

水培或砂培小麦、玉米等植物根系。

2. 仪器设备

分光光度计、分析天平(感量0.1 mg)、电子顶载天平(感量0.1 g)、温箱、研钵、三角瓶、漏斗、量筒、吸量管、刻度试管、试管架、容量瓶、药勺、适量石英砂、烧杯。

3. 实验试剂

(1)乙酸乙酯(分析纯)。

(2)次硫酸钠($Na_2S_2O_4$，分析纯)粉末。

(3)1% TTC溶液。准确称取TTC 1.0 g，溶于少量水中，定容到100 mL。用时稀释至需要的浓度。

(4)磷酸缓冲液(1/15 mol/L，pH值为7)。

(5)1 mol/L硫酸。用量筒取比重1.84的浓硫酸55 mL，边搅拌边加入盛有500 mL蒸馏水的烧杯中，冷却后稀释至 1000 mL。

(6)0.4 mol/L 琥珀酸。称取琥珀酸 4.72 g，溶于水中，定容至 100 mL 即成。

四、实验步骤

1. 定性测定

(1)配制反应液。把 1% TTC 溶液、0.4 mol/L 的琥珀酸和磷酸缓冲液按 1∶5∶4 比例混合。

(2)把根仔细洗净，把地上部分从茎基切除。将根放入三角瓶中，倒入反应液，以浸没根为度，置 37 ℃左右暗处放 1～3 h，以观察着色情况。新根尖端几毫米以及细侧根都明显地变成红色，表明该处有脱氢酶存在。

2. 定量测定

(1)TTC 标准曲线的制作。取 0.4% TTC 溶液 0.2 mL 放入 10 mL 量瓶中，加少许 $Na_2S_2O_4$ 粉摇匀后立即产生红色的甲臜。再用乙酸乙酯定容至刻度，摇匀。然后分别取此液 0.25、0.50、1.00、1.50、2.00 mL 置于 10 mL 容量瓶中，用乙酸乙酯定容至刻度，即得到含甲臜 25、50、100、150、200 μg 的标准比色系列，以空白作参比，在 485 nm 波长下测定吸光度，绘制标准曲线。

(2)称取根尖样品 0.5 g，放入 10 mL 烧杯中，加入 0.4% TTC 溶液和磷酸缓冲液的等量混合液 10 mL，把根充分浸没在溶液内，在 37 ℃下暗保温 1～3 h，此后加入 1 mol/L 硫酸 2 mL，以停止反应(与此同时做一空白实验，先加硫酸，再加根样品，37 ℃暗保温后加硫酸，其溶液浓度、操作步骤同上)。

(3)把根取出，吸干水分后与乙酸乙酯 3～4 mL 和少量石英砂一起在研钵内磨碎，以提取出甲臜，红色提取液移入试管，并用少量乙酸乙酯把残渣洗涤二三次，皆移入试管，最后加乙酸乙酯使总量为 10 mL，用分光光度计在波长 485 nm 下比色，以空白试验作参照测出吸光度，查标准曲线，即可求出四氮唑还原量。

3. 结果计算

$$\text{单位根鲜重的四氮唑还原强度}=\frac{\text{四氮唑还原量}}{\text{根重}\times\text{时间}}(\mathrm{mg/(g\cdot h)}) \qquad (2.1)$$

五、注意事项

实验报告中要写明实验目的、实验原理、实验步骤、实验结果。该实验成功的关键是要采用新鲜的植物根系，同时要采用新购的和低温避光冷藏的氯化三苯基四氮唑(TTC)，否则容易氧化失去作用，导致实验失败。

六、思考题

(1)本实验成败的关键在于采用的试剂氯化三苯基四氮唑(TTC)，为什么？

(2)植物根系尤其是水稻根系发白说明什么?

(3)植物根系还原力与植物吸收养分有什么关系?

(4)植物根系活力的高低与哪些因素有关?

(5)植物根系活力与地上部分有什么关系?

(6)测定植物根系活力时最好选择根的什么部位?

(7)本实验的根系活力指标的实质是什么?

(8)本实验中为什么要用磷酸缓冲液在37 ℃暗处处理1～3 h?

(9)实验步骤中有一步加入1 mol/L硫酸2 mL,以停止反应,这里除了加入硫酸外,还可以加入什么物质终止反应?为什么?

实验三　土壤磷固定力的测定

一、实验目的

水溶性的磷肥施入土壤后，易与土壤中的铁、铝及钙发生化学固定作用，降低其有效性。为了提高水溶性磷肥的利用率，必须尽量增加肥料与根系的接触。本实验的目的是测定并计算水溶性磷肥在土壤中被固定为难溶性磷的百分率。

二、实验原理

根据土壤对水溶性磷肥的吸附固定特性，取一定量的不同土壤，分别加入已知等量的磷肥，使其与土壤充分混匀，待作用一定时间后，测定其水溶性磷量。根据所加入磷肥的磷量与作用后磷量之差，即可计算出水溶性磷肥被固定的百分率。

三、实验材料

烧杯、土壤、塑料薄膜、塑料瓶、$NaHCO_3$ 溶液、振荡机、滤纸、显色剂、光度计等。

四、实验步骤

取 250～400 mL 烧杯 4 个，分别贴上标记（AO、AP、BO、BP）。称重（记下），然后称取风干高 1 mm 的夜潮土和黄棕壤（不同地区可根据当地具体土壤选择）各 2 份，每份 50 g 置于已标记且已称重的 250～400 mL 烧杯中，称取已知含水溶性磷（P）量的普钙（风干样品高 0.1 mm）1 g 2 份，分别放入 AP、BP 号烧杯中，充分搅拌均匀。然后在同一处理的烧杯中各加入等量水至湿润为止，用塑料薄膜包扎烧杯口。放置一周后称重，充分搅匀后，取样测定其有效磷含量，以计算水溶性磷在不同土壤中被固定为难溶性磷的百分率。

称取上述四种处理的土样（湿土）各 2 g（精确度 0.01 g）于 180 mL 塑料瓶中，加 50 mL 0.5 mol/L $NaHCO_3$ 溶液，塞紧瓶塞，用振荡机振荡 30 min，立即用无磷滤纸干滤，滤液承接于干净干燥的 50 mL 烧杯中，去掉最初几滴滤液，吸取滤液（AO、BO 各 10 mL，AP、BP 各 1 mL）于 50 mL 容量瓶中，AP、BP 用 0.5 mol/L $NaHCO_3$ 补足至 10 mL，加 5 mL 1.63 mol/L 钼锑抗显色剂，加水定容至刻度，充分摇匀，30 min 后在分光光度计上（波长 680 nm）比色，比色时以曲线零点作空白。

磷标准曲线绘制：分别吸取 5 mg/L 磷标准溶液 0、1、2、3、4、5 mL 于 50 mL 容量瓶中，即为 0、0.1、0.2、0.3、0.4、0.5 mg/L 磷，再逐个补足 0.5 mol/L $NaHCO_3$ 10 mL，以下操作同待测液，将结果用坐标纸绘制成标准曲线。

五、结果计算

$$水溶性磷 B(mg/g)=\frac{待测液磷(mg/L)\times 比色体积(L)\times 分取倍数}{样品重(g)\times 10^3} \quad (2.2)$$

$$处理中的有效磷量(mg)=B\times[(土+容器)-容器重] \quad (2.3)$$

$$磷的固定率(\%)=\frac{肥料水溶性磷(mg)-处理有效磷(mg)+对照有效磷(mg)}{肥料水溶性磷(mg)} \quad (2.4)$$

六、注意事项

(1)湿润土壤时,用点滴管慢慢加水,边加边搅拌,严禁一次加太多,以免结块肥料不匀。

(2)调 pH 值时,应逐滴加酸或碱,边加边摇匀,防止局部 pH 值偏高或偏低,影响显色。

七、试剂配制

(1)0.5 mol/L $NaHCO_3$ 溶液:称取分析纯 $NaHCO_3$ 42 g 溶于 800 mL 水中,以 0.5 mol/L NaOH 调至 pH 值 8.5,吸入 1000 mL 容量瓶中,定容至刻度,贮存于试剂瓶中。

(2)无磷活性炭:将活性炭先用 0.5 mol/L $NaHCO_3$ 浸泡过滤,然后在平板瓷漏斗上抽气过滤,再用 0.5 mol/L $NaHCO_3$ 溶液洗 2～3 次,最后用蒸馏水洗去 $NaHCO_3$,并检查到无磷为止,烘干备用。

(3)磷(P)标准溶液:准确称取经 45 ℃烘干过 4～5 h 的分析纯 KH_2PO_4 0.2197 g 于小烧杯中,以少量水溶解,将溶液全部洗入 1000 mL 量瓶中,定容于刻度后充分摇匀,此溶液即为含 50 mg/L 磷(P)的基准溶液。取 50 mL 此溶液稀释至 500 mL,即为 5 mg/L 的磷标准溶液,比色时按标准曲线系列配制。

(4)1.63 mol/L H_2SO_4-钼锑贮存液:取蒸馏水约 400 mL 放入 100 mL 烧杯中,将烧杯浸在冷水内,然后缓缓注入分析纯 H_2SO_4 90.3 mL,并不断搅拌,冷却至室温,另外取分析纯钼酸铵 20 g 溶于约 60 ℃的 200 mL 蒸馏水中冷却,然后将 H_2SO_4 溶液徐徐倒入钼酸铵溶液中不断搅拌,再加入 100 mL 0.5%酒石酸锑钾溶液,用蒸馏水稀释至 1000 mL,摇匀,贮于试剂瓶中备用。

(5)钼锑抗混合显色剂:在 100 mL 钼锑贮存液中加入 0.5 g 左旋(旋光度+21°～22°)抗坏血酸。此试剂有效期为 24 h,宜用前配制。

八、思考题

(1)比较不同土壤的固磷能力,并解释原因。

(2)该实验结果对农田施用磷肥有何指导意义?

(3)土壤固磷能力与植物吸收养分什么关系?

(4)磷素对植物有什么生理生化功能?

(5)哪些土壤容易发生磷的固定?

实验四　土壤对不同形态化学氮肥的吸持力测定

一、实验目的

合理使用化学氮肥是提高作物产量和改善品质的一项重要措施。农业生产上应用的化学氮肥品种繁多，氮的形态也各异，在施肥上根据土壤的保肥性，制定不同形态氮肥的使用技术，是防止养分淋失和合理施肥的一条基本原则，不同土壤吸附保留各种形态氮素的能力不相同。因此，了解某一地区土壤对不同形态氮肥的吸持力，无论在生产上还是在理论研究上都具有一定的意义。采用吸附平衡法研究土壤对不同形态氮肥的吸附特性，研究它们在不同土壤中的迁移转化，了解不同土壤的保肥性能，可以为合理施用氮肥提供理论参考依据。

二、实验原理

土壤是一种有机无机复合胶体，上面带有多种电荷，尤其是有机质丰富的土壤胶体，含有大量的负电荷，能够吸附阳离子，从而短暂将土壤溶液中的阳离子固定住。铵态氮带有正电荷，能够被土壤胶体吸附，从而不容易流失。硝态氮带有负电荷，不容易被土壤胶体吸附，在土壤水分饱和的情况下容易流失。根据土壤对氮素化肥的物理吸附，代换性吸附等特性，取一定量的土壤分别加入等氮量的$(NH_4)_2SO_4$、$Ca(NO_3)_2$、$CO(NH_2)_2$溶液，使其充分作用后，用所加原液的量与平衡溶液的氮量之差，表示土壤对某一形态氮肥的吸持力。

三、实验材料与方法

1. 三种形态的氮素

硝态氮、铵态氮和酰胺态氮分别采用$Ca(NO_3)_2$、$(NH_4)_2SO_4$、$CO(NH_2)_2$固体分析纯配制。

2. 含 N 10%的原液配制

以上三种固体分析纯加蒸馏水溶解。

3. 各种形态氮素的标准液配制

上述原液加蒸馏水稀释一定倍数。

4. 土壤制备

采自大田的土样用四分法处理后再通过 0.25 mm 筛孔(60 目)，每种土样称取 12 份，每份重 25.00 g，放入 100 mL 塑料瓶中，重复 3 次。

5. 吸附平衡液配备

给两种土壤中分别加入含 N 10%的硫酸铵、硝酸钙、尿素原液各 50 mL 和无氨蒸馏水

50 mL。加蒸馏水是为了在计算吸附量时扣除水浸出的部分。在加蒸馏水和尿素的塑料瓶中，分别加入 $CaSO_4$ 粉末 0.25 g，避免因土壤胶体过度分散而使滤液浑浊。

将塑料瓶放在振荡机上振荡，加硫酸铵和蒸馏水的塑料瓶振荡 1 h，其余均振荡 24 min，然后过滤，滤液即为吸附平衡液，供测氮用。

6. 标准曲线配制

将原液稀释相应倍数配制标准系列。

四、测定方法

(1)硝态氮的测定用酚二磺酸试剂比色法，在紫外可见分光光度计 410 nm 处比色。

(2)铵态氮的测定用纳氏试剂比色法，在紫外可见分光光度计 490 nm 处比色。

(3)酰胺态氮的测定用对二甲氨基苯甲醛比色法，在紫外可见分光光度计 425 nm 处比色。

五、结果计算

$$\text{土壤吸持力}(\text{mg N}/100\ \text{g})=50/25\times[(\text{ISN}\%+\text{WESN}\%)-\text{ESN}\%]\times1000\times100 \tag{2.5}$$

式中，ISN%为原液中氮的百分比浓度；WESN%为水提取液氮的百分比浓度；ESN%为平液中氮的百分比浓度；其余为换算系数。

六、注意事项

记录实验目的、实验原理、实验方法和过程、实验结果。本实验中配制不同氮素溶液的纯水一定要很纯，最好经过去铵处理，因为河水中含有大量的铵态氮，做成自来水后虽然经过蒸馏或者离子吸附，仍然含有大量铵态氮，会影响实验结果。

七、思考题

(1)土壤为什么能够固定氮素？土壤对哪种形态的氮素固定力强？

(2)土壤对氮素的固定能力对农业生产有何指导意义？

(3)过量施用氮肥会造成哪些不利影响？

(4)为何在加蒸馏水和尿素的塑料瓶中分别加入 $CaSO_4$ 粉末 0.25 g，可以避免因土壤胶体过度分散而使滤液浑浊？

(5)我国氮肥分配依据为何是南方稻田施用铵态氮、北方旱地施用硝态氮的原则？

(6)氮素对植物有哪些营养功能？

实验五　土壤干湿交替变化对钾的固定

一、实验目的

当土壤发生干湿交替变化时，由于黏土矿物的层间发生扩张与收缩，所以很容易使 K^+ 或 NH_4^+ 等在黏土矿物层间收缩的过程中被“卡死”在层间里，从而形成 K^+ 或 NH_4^+ 的固定。基于这一原理，在农业生产的施肥活动中，钾肥也要强调深施，以防止 K^+ 的固定。通过本实验了解铵态氮和钾离子在农田土壤干湿交替过程中的固定，尤其在稻麦轮作的水稻季很容易出现钾离子和铵离子被土壤固定的现象。

二、实验原理

在室内模拟土壤对 K^+ 的固定实验时，称取一定量的土壤，加入已知浓度的钾溶液，使之与土壤充分湿润，放在恒温培养箱中干燥；干燥后再加水湿润，这样反复多次，使钾在干湿交替变化中得以固定，然后测定经土壤固定后的钾含量，通过比较，计算出被土壤固定的钾的数量。

三、实验仪器与试剂

1. 钾固定的模拟与待测液制备

称取 2 份过 20 目的土壤 20.00 g，分别放入 150 mL 的烧杯中，再分别加入 250 mg/kg 和 500 mg/kg 的钾标准液 10 mL，让其湿润均匀后放入恒温培养箱中培养，在 50～60 ℃的温度下使其干燥；干燥后加 10 mL 的蒸馏下再使之湿润，再使之干燥，这样反复维持一周(大致可干燥 5～6 次)，最后一次让土壤干燥充分后准确加入 100 mL 蒸馏水，并用玻璃棒搅动均匀，静置 30 min 后过滤，得滤液为待测液。

2. 钾的定量测定

用火焰光度法测定钾的含量。

四、实验步骤

1. 实验仪器

火焰光度计、烘箱。

2. 实验试剂

(1)1000 mg/kg 钾标准液的配制：准确称取经过烘干(105 ℃烘干 4～6 h)的分析纯氯化钾 1.9068 g，溶于水中，定容至 1 L 即含钾 1000 mg/kg。将此溶液稀释成 250 和 500 mg/kg

的钾标准液。

(2)取 250 和 500 mg/kg 的钾标准液 10 mL 于 100 mL 容量瓶中,加蒸馏水稀释至刻度,得待测标准液。

(3)取 250 和 500 mg/kg 的钾标准液 10 mL,加入 20.00 g 土中 1 h 后,准确加入 90 mL 蒸馏水搅均、过滤,得待测吸附液。

五、实验记录与结果计算

1. 原始数据

先将火焰光度计在燃烧空气下调零,然后分别测定测液的读数,记录见表 2.1。

表 2.1 实验记录表

状态	Ⅰ(标准液)		Ⅱ(吸附液)		Ⅲ(固定液)	
	浓度	读数	浓度	读数	浓度	读数
250 mg/kg 液处理	25 mg/kg	M_1	C_{2X}	M_2	C_{3X}	M_3
500 mg/kg 液处理	50 mg/kg	N_1	C'_{2X}	N_2	C'_{3X}	N_3

2. 计算

由于 M_1、M_2、M_3、N_1、N_2、N_3 和标准液的浓度(C_1 和 C_1')都是已知的,故可求出 C_{2X}、C_{3X}、C'_{2X}、C'_{3X} 等四个未知浓度。如:$C_{2X}=\frac{M_2\times C_1}{M_1}$,$C_{3X}=\frac{M_3\times C_1}{M_1}$,依此类推。

用$(C_{2X}-C_{3X})\times 100$ 便可得到 20.00 g 的总固钾量。

六、注意事项

要求写清楚项目测定的目的意义、测定方法、原理、操作步骤、观察结果、注意事项以及实验过程出现的问题。本实验配制的钾离子溶液浓度不能太高或太低,否则都影响干湿交替实验结果。

七、思考题

(1)土壤固定钾的原理是什么?何种土壤及何种农艺操作最容易导致土壤钾固定?

(2)该实验中如果同时有铵离子存在,那么结果如何?

(3)何种晶格类型的黏土矿物最容易固定钾离子?

(4)元素钾对植物有什么营养功能?

实验六　有机物质在土壤中氨化强度的测定

一、实验目的及意义

土壤有机质对构建土壤团粒结构和团聚体，提高土壤保肥、保水、通气性能，促进土壤养分释放，创造植物对土壤养分吸收的环境条件等有重要意义。有机物质在土壤腐解过程中释放的养分也是植物吸收的养分来源。碳氮比不同的有机物质在土壤中的分解速度是不相同的：碳氮比小的分解快，碳氮比大的分解慢。前者在土壤中分解时，有较多的有效氮积累；后者积累较少，在分解前期甚至会引起微生物与作物争夺土壤中的有效氮。

该过程对现在全国普遍施用的有机肥料和秸秆全量还田等有很大意义。碳氮比大的、老化的有机物质就不宜直接施入土壤中，如需要施用，像稻秆还田就必须采取提前施用，并施石灰及人粪尿等方式促进其分解；碳氮比小的幼嫩的有机物质，如豆科绿肥就可以采用压青等办法直接施用于土壤中。

二、实验原理

以稻秆代表老化的碳氮比大的材料，以幼嫩的豆科绿肥代表碳氮比小的材料，用一定量的氮与一定量的土壤相结合，在土壤微生物的作用下进行分解。由于土壤中有氨化能力的微生物很多，故可置于室温（25～28 ℃）的条件下培养。以土壤田间持水量之150%代表水田状态（可以防止氨化后进一步硝化。硝化作用旺盛的发生，会使得因子复杂起来，不便于对氨化作用的测定），加入一定量的石灰调节土壤的酸碱反应，有利于土壤微生物的活动。

NH_4^+-N的测定：纳氏试剂与NH_4^+作用生成橘红色的沉淀，在NH_4^+浓度较低的时候，溶液呈橙黄色。由于颜色的深浅与NH_4^+的浓度有关，故可用比色法测定其铵态氮，其反应式如下：

$$2K_2HgI_4 + 3KOH + NH_3 = NH_2IHg_2O\downarrow + 7KI + 2H_2O$$

三、实验材料与试剂

(1)1 mol/L KCl溶液。

(2)纳氏试剂。

(3)NH_4^+-N标准溶液：称取经80 ℃烘过2～3 h后的NH_4Cl(AR)1.483 g，溶于蒸馏水中，定容至1000 mL，即为500 mg/L NH_4^+标准液。

(4)光照培养箱、721分光光度计、水稻土、干的水稻秸秆、绿肥、剪刀、石灰粉、天平、蒸馏水、100 mL塑料瓶。

四、实验步骤

1. 培养

(1)材料准备:取一般水稻土风干、打碎,通过 3 mm 筛孔。取新鲜的干稻秆及绿肥,剪碎至 2~3 mm 长度。

(2)处理设计。

处理一(对照):过筛风干土+土重 0.2%的石灰。

处理二:风干土+稻秆(每百克干土加入相当于含氮为 25 mg 的材料)+土重 0.2%的石灰。

处理三:风干土+绿肥(每百克干土加入相当于含氮为 25 mg 的材料)+土重 0.2%的石灰。

按以上设计处理各材料混合均匀后,按土壤田间持水量的 150%均匀加入水分,并经常保持淹水状态,处理后置于培养箱中,在 25~28 ℃条件下培养 5~7 d,测定各处理铵态氮的含量。测定前将土面水层与土搅拌均匀,并测定其水分含量(由教师先测出)。

2. 土壤中铵态氮测定(比色法)

(1)土壤溶液制备:用粗天平先称取 100 mL 广口三角瓶(应洁净、干燥)的重量,然后分别称取处理一、处理二、处理三的土壤样品各 X g(相当于干土 5 g,用角匙和玻璃棒少量地逐渐加入。其中,$X=5\times$(1+土壤水分百分比))。称取样本时,尽量避免土壤黏在瓶口附近。接着注入 1 mol/L 的 KCl 溶液(在加 KCl 溶液时,把瓶口黏着的泥土洗净)。加入 KCl 溶液的毫升数为 50 mL 减去土壤样品 X g 中的含水量,塞上胶塞,充分摇动半小时过滤。为使滤液澄清,开始过滤时须将土壤溶液摇动,然后才倾入滤纸中,以清洁干燥的三角瓶接收滤液。

(2)标准系列液的准备:分别吸取 25 μg/mL 的 NH_4^+ 标准液 0、1、2、3、4、5 mL 于 6 个 25 mL 的容量瓶中,加入 1 mL 25%酒石酸钠溶液,加蒸馏水至接近终体积,加 1 mL 纳氏试剂,用蒸馏水定容。标准系列浓度为 0、1、2、3、4、5 μg/mL 。5 min 后在波长 490 nm 处比色。

(3)待测液的测定:吸取 1 mol/L KCl(作为样品空白)和各处理的滤液各 5 mL,分别注入 4 个 25 mL 的容量瓶中,加入 1 mL 25%酒石酸钠溶液,加蒸馏水至近终体积,加 1 mL 纳氏试剂,用蒸馏水定容。5 min 后在波长 490 nm 处比色。用空白样品调零。

五、结果计算

(1)各处理铵态氮含量的计算

$$NH_4^+\text{-N(g)}=A\times 100\times(\text{水/土})\times 10^{-6}\times\text{稀释倍数} \tag{2.6}$$

式中,A 为所测得的浓度(μg/mL);水/土为分析时抽提液的克数/分析时样本的干重。

(2)氨化率的计算

$$\text{绿肥氨化率(\%)}=\frac{\text{绿肥处理的 }NH_4^+\text{-N 量(g)}-\text{对照处理的 }NH_4^+\text{-N 量(g)}}{\text{绿肥所含的总氮量(g)}}\times 100 \tag{2.7}$$

$$稻秆氨化率(\%)=\frac{稻秆处理的\ NH_4^+\text{-}N\ 量(g)-对照处理的\ NH_4^+\text{-}N\ 量(g)}{稻秆所含的总氮量(g)}\times 100 \qquad (2.8)$$

六、注意事项

按照实验目的意义、实验原理、实验方法、实验步骤、结果计算、讨论等撰写实验报告。本实验要注意，进行实验时一定要选择干的秸秆，同时一定要添加少量石灰粉，调节土壤 pH 值，有利于土壤微生物尤其是氨化菌的活动。

七、思考题

(1)什么叫作氨化作用？

(2)测定 NH_4^+-N 为什么要用 KCl 液提取，而不用蒸馏水提取？

(3)通过本实验，你觉得农业生产上稻秆还田和绿肥的施用应注意什么问题？

(4)为何农业上一定要施用腐熟的有机肥？

(5)氨化作用是由什么驱动的？

实验七　根系阳离子交换量的测定(淋洗法)

一、实验目的及意义

根系是植物吸收养分的重要器官,植物根系阳离子交换量(Cation Exchange Content,CEC)的大小,大体上可反映根系吸收养分的强弱和多少,因此,测定根系阳离子交换量对于了解植物吸收养分的能力与指导合理施肥具有一定的意义。

二、实验原理

在稀盐酸中,根系中的阳离子能被氢离子代换出来,而根系所吸收的氢离子量与交换出来的阳离子量相等。在洗去多余的盐酸溶液后,用中性氯化钾溶液将氢离子置换出来,以氢氧化钾溶液滴定至 pH 值 7.0,根据消耗氢氧化钾的浓度和用量,计算出阳离子交换量(每百克干根的毫摩尔数)。

三、实验材料与设备

1. 材料准备

苗木根系、挖根用的小锄、自封袋。

2. 玻璃仪器

烘干箱、18～25 号土壤筛(0.7～1.0 mm)、植物试样粉碎机、250 mL 烧杯、尖头玻璃棒、漏斗、滤纸、pH 计(或试纸)、电子天平、1 L 容量瓶、洗瓶、药匙。

3. 化学试剂

KCl(AR 级)、KOH、HCl、中性红、次甲基蓝、乙醇、$AgNO_3$。

四、试剂配制

(1)1 mol/L KCl 溶液:称取分析纯氯化钾 74.55 g,溶于 800 mL 蒸馏水中,用氢氧化钾调至溶液 pH 值到 7.0 后定容于 1 L 容量瓶中。

(2)0.01 mol/L KOH 溶液:称取分析纯氢氧化钾 0.561 g,用蒸馏水溶解后定容至 1 L。

(3)0.01 mol/L HCl:吸取比重 1.19 的浓 HCl 0.83 mL,用蒸馏水定容至 1 L。

(4)酸碱混合指示剂。

①0.1%中性红/酒精溶液:中性红/次甲基蓝 0.1 g+95%乙醇 28 mL+蒸馏水 72 mL。

②1 份 0.1%中性红酒精溶液与 1 份 0.1%次甲基蓝酒精溶液混合。

(5)2%的 $AgNO_3$ 溶液:称取 2 g $AgNO_3$ 溶于蒸馏水中,稀释至 100 mL。

五、操作步骤

从田间选取具有代表性的植株若干(尽可能不要损坏根系),先用水冲洗根系,再放在筛子上置于水中轻轻振荡,至洗净为止,后再用蒸馏水冲洗数次,然后切去地上部分,置于 30 ℃烘箱中烘干(一般烘 8 h 以上)。将烘干根样取出磨细,过 18～25 号筛(0.7～1.0 mm),混合均匀,贮于自封袋中备用。

称取烘干磨细的根样 0.1000 g,放入 180～250 mL 烧杯中,先加几滴蒸馏水使根系湿润,避免以后操作时根浮在液面上,再加 0.01 mol/L HCl 100 mL,搅拌 5 min,待根样下沉后,将大部分盐酸连同根样倒入漏斗中过滤,然后用蒸馏水漂洗至无氯离子为止(用 $AgNO_3$ 检验。一般用 110～200 mL 蒸馏水,少量多次即可洗至无氯离子)。再用尖头玻璃棒将过滤纸中心穿孔,以 100 mL KCl(事先调至 pH 值 7.0)逐渐将过滤纸上的根样全部洗入原烧杯中,用 pH 计测定根-KCl 悬浮液 pH 值,然后加 7～8 滴酸碱混合指示剂,用 0.01 mol/L KOH 滴定至蓝绿色(保持半分钟不变),记下所消耗的 0.01 mol/L KOH 毫升数,并以此计算出根系的阳离子交换量(以每 100 g 干根的毫摩尔数表示)。

六、结果计算

$$\text{阳离子交换容量 CEC(mol/100 g 干根)} = \frac{N_{KOH} \times V_{KOH} \times 100}{\text{根样干重(g)}} \tag{2.9}$$

式中,N_{KOH} 为 KOH 的当量浓度,在这里等于摩尔浓度(mol/L);V_{KOH} 为消耗的 KOH 体积(L)。

七、注意事项

(1)过滤及漂洗时,溶液不超过漏斗的 2/3 处,并遵守“少量多次”的洗涤原则。

(2)滴到终点后,以摇荡 10 下不变色为准,如时间过长,终点会变回原来的颜色。

八、思考题

(1)在实验过程中,如 Cl^- 没有淋洗干净,会对实验结果产生什么影响?

(2)为何植物根系能够交换阳离子?

(3)结合表 2.2,说明本实验结果对指导施肥有什么意义?

表 2.2　常见作物 CEC 及吸收能力

作物种类	根悬浊液的 pH 值	CEC/(mol/kg)	吸收能力
豆科作物、豆科绿肥、油菜、肥田萝卜、荞麦等	3.2～3.5	>35	强
玉米、西红柿、马铃薯、芝麻等	3.6～4.0	20～35	中等
小麦、小米、水稻等	>4.0	<20	弱

(4)植物根系阳离子交换量大小与植物吸收养分关系如何?

实验八　植物根系对矿质元素的选择吸收

一、实验目的

植物的根对矿质元素具有选择吸收的特性，甚至同一盐类的阴离子和阳离子，也以不同的比例进入植物体内，所以盐可分为生理酸性盐、生理碱性盐和生理中性盐。阴离子和阳离子吸收上的差别，使得培养液的成分逐渐改变，所以用水培法栽培植物时，必须时常更换培养液。通过实验可以了解植物根系对矿物质盐类的选择吸收，从而了解农田长期施用某种肥料会导致土壤酸化的原因。

二、实验原理

根据植物对同一盐类的阴离子和阳离子吸收量的不同，从而改变溶液 pH 值，来证明植物对矿质盐类选择吸收的特性。

三、实验材料和设备

1. 材料准备

培养好具有相当大根系的小麦或其他植物的根系。

2. 实验仪器

pH 计、pH 试纸、1%酚酞指示剂或者 1%溴甲基紫指示剂溶液、培养用的器具、试剂瓶、量筒、烧杯、洗瓶、吸水纸等。

3. 试剂

0.01 mol/L $(NH_4)_2SO_4$ 溶液、0.02 mol/L $NaNO_3$ 溶液、0.01 mol/L NH_4NO_3 溶液。

四、实验方法与步骤

(1)取培养器具，分别倒进 0.01 mol/L $(NH_4)_2SO_4$、0.02 mol/L $NaNO_3$、0.01 mol/L NH_4NO_3 溶液。

(2)放置材料之前测定溶液的 pH 值。

(3)将实验材料的根系洗净后放在培养器具内，根系浸在溶液中。

(4)培养 3～7 d 后用 pH 计测量溶液的 pH 值，看有无变化；或者用 pH 试纸检测有无色彩变化；或者滴入几滴酚酞、溴甲基紫指示溶液，看培养液有无颜色变化。

五、注意事项

材料应生长良好、大小一致、根系发达。实验用的植物材料应该是须根系植物，具有5叶以上，生命力强，根系活力强。

六、思考题

(1)何谓生理酸性盐、生理碱性盐？
(2)从所获得的实验结果中可以得出什么结论？
(3)水培试验时为何要经常调整溶液的pH值？
(4)植物根系选择吸收矿质元素的机理是什么？

实验九　矿质肥料的定性鉴定

一、实验目的和意义

植物生长需要多种矿质元素养分，土壤供应有限，必须为植物人工提供充足的矿质养分，这就需要人工施肥。为了切实做好化肥的合理贮存、保管和施用，避免不必要的损失，充分发挥肥效，需要了解各种肥料的成分及其理化性质。一般化肥出厂时在包装上都标明该肥料的成分、种类、名称和产地，但在运输和贮存过程中，常因包装不好或转换容器而混杂，因此必须进行定性鉴定加以区别。

二、实验原理

各种化学肥料都具有其特殊的外表形态、物理性质和化学性质，因此，可以通过外表观察、溶解于水的程度、在火上直接灼烧反应和化学分析检验等方法，鉴定出化肥的种类、成分和名称。

三、试剂配制

(1)2.5%氯化钡溶液：将 2.5 g 氯化钡(化学纯)溶解于蒸馏水中，然后稀释至 100 mL，摇匀。

(2)1%硝酸银溶液：将 1.0 g 硝酸银(化学纯)溶解于蒸馏水中，然后稀释至 100 mL，贮于棕色瓶中。

(3)钼酸铵、硝酸溶液：溶解 10 g 钼酸铵于 100 mL 蒸馏水中，将此溶液缓慢倒入 100 mL 硝酸中(比重 1.2)，不断搅拌至白色钼沉淀溶解，放置 24 h 备用。

(4)20%亚硝酸钴钠溶液：将钴亚硝酸钠[$Na_3Co(NO_2)_6$] 20 g 溶解于蒸馏水中，稀释至 100 mL。

(5)稀盐酸溶液：取浓盐酸溶液 42 mL，加蒸馏水稀释至 500 mL，配成约 1 mol/L 稀盐酸溶液。

(6)0.5%硫酸铜溶液：取 0.5 g 硫酸铜溶于蒸馏水中，冷却后稀释至 100 mL。

(7)10%氢氧化钠溶液：取 10 g 氢氧化钠溶于蒸馏水中，然后稀释至 100 mL。

四、操作步骤

1. 外表观察

首先可将氮、磷、钾肥料给以总体的区别，如氮肥和钾肥绝大部分是结晶体，属于这类肥料的有碳酸氢铵、硝酸铵、氯化铵、硫酸铵、尿素、氯化钾、硫酸钾、磷酸铵等；而磷肥大多非结晶体而呈粉末状，属于这类肥料的有过磷酸钙、磷矿粉、钢渣磷肥、钙镁磷肥和石灰氮等。

2. 加水溶解

如果用外表观察还分辨不出它的品种，就可以用水溶解的方法来加以识别。准备一根试管，然后取化肥样品一小匙，加水、摇匀，静止一会儿后观察其溶解情况，以鉴别化肥的品种。

(1)全部溶解在水中的是硫酸铵、硝酸铵、氯化铵、尿素、硝酸钠、氯化钾、硫酸钾、磷酸铵、硝酸钾等。

(2)部分溶解在水中的有过磷酸钙、重过磷酸钙和硝酸铵钙等。

(3)不溶解或大部分不溶解在水中的有钙镁磷肥、钢渣磷肥和磷矿粉等。

(4)绝大部分不溶解在水中，还产生气泡并散发“电石味”的是石灰氮。

3. 加碱性物质混合

取样品同碱性物质(如灶灰)混合，如闻到氨味，则可确定其为铵态氮肥或含铵态氮的复合肥料或混合肥料。

用上述几种方法能帮助我们区别几种化肥类型，如要识别其他品种，还须用灼烧与化学等检验做进一步的鉴定。

4. 灼烧检验

将肥料直接放入火中，观察其在火中燃烧的反应来进一步识别。具体方法是在一煤炉或火盆里烧旺木炭，把待测的化肥样品直接放在烧红的木炭上，观察其燃烧、熔化、烟色、烟味与残烬等情况。

(1)逐渐熔化并出现“沸腾”状，冒白烟，可闻到氨味，有残烬的是硫酸铵。

(2)迅速熔化时冒白烟，有氨味的是尿素。

(3)无变化但有爆裂声，没有氨味的是硫酸钾或氯化钾。

(4)不易熔化，但白烟很浓，又闻到氨味和盐酸味的是氯化铵。

(5)边熔化边燃烧，冒白烟，有氨味的是硝酸铵。

(6)燃烧并出现黄色火焰的是硝酸钠，燃烧出现并带紫色火焰的是硝酸钾。

5. 化学检验

(1)取少量肥料放在试管中，加 5 mL 水，待其完全溶解后，用滴管加入 5 滴 2.5%氯化钡溶液，产生白色沉淀($SO_4^{2-}+Ba^{2+}\rightarrow BaSO_4\downarrow$)；当加入稀盐酸呈酸性时，沉淀不溶解，证明其中含有硫酸根。

(2)取少量肥料放在试管中，加 5 mL 水，待其完全溶解后，用滴管加入 5 滴 1%硝酸银溶液，产生白色絮状沉淀($Cl^{-}+Ag^{+}\rightarrow AgCl\downarrow$)，证明有氯根存在。

(3)取少量肥料放在试管中，加 5 mL 水使其溶解，如溶液混浊，则需过滤，取清液鉴定。于滤液中加入 2 mL 钼酸铵-硝酸溶液，摇匀后，如出现黄色沉淀，证明是水溶性磷肥。

(4)取少量肥料，放在试管中，加水使其完全溶解，滴加 3 滴 20%亚硝酸钴钠溶液，摇匀后，如产生黄色沉淀，证明是含钾的化肥。

反应式如下：

$$2K^{+}+Na_3Co(NO_2)_6\rightarrow K_2NaCo(NO_2)_6\downarrow+2Na^{+}$$

(5)取肥料样品约 1 g,放在试管中,在酒精灯上加热熔化,稍冷却,加入蒸馏水 2 mL 及 10%氢氧化钠溶液 5 滴,溶解后,再加 0.5%硫酸铜溶液 3 滴。如出现紫色,证明是尿素。

五、注意事项

滴加的试剂溶液必须新鲜配制,硝酸铵属于易制爆危险化学品,操作时要特别慎重。目前市场上较少买到单质肥料,大多是复合肥,同时含有氮磷钾元素,复合肥仍可以按照以上方法和程序进行定性鉴定。

六、思考题

(1)铵态氮肥溶液加入草木灰搅匀加热后,为什么有氨气味?

(2)为什么在定性鉴定硫酸铵时,在向肥料溶液中滴加几滴氯化钡溶液后,产生白色沉淀,还要滴入稀盐酸使得溶液呈现酸性,看到白色沉淀,才能证明是硫酸盐?如果溶解时有白色沉淀出现,那可能是什么白色沉淀?

(3)为什么农用硝酸铵肥料不能堆放在太阳暴晒的地方?为什么农用硝酸铵结块后不能用金属棒敲击?

实验十　植物微生物互作对植物养分吸收的影响——根际促生菌(PGPR)

一、实验目的

植物-土壤-微生物生态系统中，三者相互作用，促进植物的健康生长。土壤自身包含很多具有促生功能的微生物，通过溶磷、溶钾、固氮、产铁载体、产植物激素等机制直接或间接作用于植物，在作物生长过程中保障土壤养分的持续释放和作物对养分的吸收利用，从而能够促进植物生长。间接作用指的是某些植物根际促生菌抑制或减轻某些植物病害对植物生长发育和产量的不良影响。在作物育苗基质中加入促生菌具有促进作物幼苗生长和增加幼苗抗性的作用。促生菌株的实际应用效果已得到广泛验证且效果显著，然而促生菌的类型多，其代谢特性和生理功能等各有不同。因此，在不同的水稻育苗基质中筛选出适宜的促生菌类型，生产出高效的育苗基质对水稻生产具有重要意义。

二、实验原理

很多土壤微生物长期生活在植物根际附近，形成一种特殊的生态友好关系。植物根际促生菌(Plant Growth Promoting Rhizobacteria，PGPR)是指自由生活在土壤或附生于植物根系的一类可促进植物生长及其对矿质营养的吸收和利用，并能抑制有害生物的有益菌类。通过在土壤中接种促生菌，种植作物，植物促生菌就会在植物根际附近富集，促进植物生长。

三、实验材料

1. 供试基质

供试基质为(酒糟＋秸秆)堆肥60%＋蛭石30%＋珍珠岩10%，以1.5%的硫酸水溶液调节至pH值5.0左右。

2. 稻种

稻种在室内晾晒2～3 d后以20%盐水选种，去除秕子及杂物，清水洗去种子表面的盐分。水浸催芽，定期换水。待种子吸水膨胀出芽2 mm左右时，摊晾，备用。

3. 促生菌悬液制备

LB培养基：蛋白胨10 g，酵母粉5 g，NaCl 10 g，去离子水1000 mL，pH值7.2～7.4、121 ℃高压灭菌20 min。

促生菌菌株包括LY5：枯草芽孢杆菌(*Bacillus subtilis*)；LY11：解淀粉芽孢杆菌(*Bacillus amyloliquefaciens*)；X2：摩拉维亚假单胞菌(*Pseudomonas moraviensis*)；X3：沙芬西芽孢杆菌(*Bacillus safensis*)；X8：绿针假单胞菌(*Pseudomonas chhlororaphis*)。

将已活化的促生菌接种于 LB 液体培养基，30 ℃、170 r/min 振荡培养 36 h，4000 r/min 离心 10 min，用无菌水重悬-离心洗涤 3 次后，重悬于无菌水中，调节其浓度为 10^8 CFU/mL，备用。

四、实验设计及方法

本实验共设 6 个处理，分别为 CK（最适配比基质）、LY5（最适配比基质＋菌 LY5）、LY11（最适配比基质＋菌 LY11）、X2（最适配比基质＋菌 X2）、X3（最适配比基质＋菌 X3）、X8（最适配比基质＋菌 X8）。所用育苗盘为 580 mm×280 mm×30 mm 带孔育苗盘，基质均匀平铺于盘中，将促生菌悬液均匀喷洒于基质表面，每盘喷洒 50 mL，对照处理喷洒等量无菌水。每个处理重复 3 次，即播种 3 盘。按照常规生产方式装盘育苗，均匀撒种。每盘等量播种芽谷 130 g，均匀喷水使基质含水量达到饱和状态并维持厚度约 3 cm，播种后覆土，覆土厚度约 0.1 cm，湿润覆土后覆膜保温保湿。各处理随机摆放并定时随机调整摆放位置。室温 15～25 ℃培养，自然光照，如遇阴天，可采取人工补光。播种第 22 天采样，进行相关指标测定。

五、样品采集与测定

1. 样品采集与处理

植株样品采集：每株幼苗从基质中取出，先用自来水冲洗掉基质颗粒，并用蒸馏水冲洗后从根茎连接处剪断，获取根系和地上部样品。

样品处理：每盘随机留取 10 株地上部样品，迅速置于－20 ℃冰箱中，备用，并将 10 株根系用根系扫描仪测定相应指标；随机留取 100 株样品分地上部和根系分别放置在信封中，于 105 ℃烘箱中杀青 30 min，80 ℃烘干至恒重，称重并保存备用。

2. 分析项目和方法

（1）植株农艺性状：株高、茎粗分别用直尺和游标卡尺测量；地上部干重采用烘干法测定。

（2）根系测定：根系总长、根系总面积、根系平均直径、根系总体积和根尖总数用根系扫描仪测定；根系活力的测定采用本实验教材前面植物根系活力定性检测液法（TTC 法）检测。

（3）植株氮磷钾含量测定本实验教材用前面植物氮磷钾的测定方法：用浓 H_2SO_4-H_2O_2 消煮，分别用凯氏定氮法、钼蓝比色法和火焰光度计法测定氮、磷、钾的含量。

（4）SPAD 值：采用叶绿素仪测定。

（5）氮、磷、钾转运系数 TF：

$$TF = C_{\mathrm{Abov}}/C_{\mathrm{Root}} \tag{2.10}$$

式中，C_{Abov} 为地上部氮磷钾养分含量（g/kg）；C_{Root} 为根系氮磷钾养分含量（g/kg）。

六、结果记录和计算

根据上述测定过程，记录测定的各个参数，并与对照比较，考察不同促生菌的促生效果。

七、注意事项

植物促生菌为活菌，接种到基质后必须保持一定的湿度和温度，才能发挥促生菌的促生作用；同时基质事先要湿热灭菌，以防止环境的杂菌干扰促生菌的生长；不能用消毒剂对基质消毒，否则基质中残留的消毒剂会影响促生菌的生长繁殖。

八、思考题

(1)植物根际促生菌的一般促生机理是什么？举例说明。
(2)农业上使促生菌剂能够在农田土壤促进作物生长要注意哪些问题？
(3)不同植物-微生物根际互作模式有何异同？举例说明。

实验十一　植物微生物互作对植物养分吸收的影响——内生菌根

一、实验目的

土壤中的微生物与植物根系在长期互作过程中形成了独特的生态关系，其中一种是共生关系。内生菌根就是部分土壤真菌菌丝进入植物根系内部形成的独特共生结构体。它们互利互惠，这种互惠互利关系对植物生长和抗病有促进作用。本实验考察这种互利关系的形成和特点，为农业开发利用共生菌根提供指导。

二、实验原理

丛枝菌根是AM真菌与植物根系形成的互惠共生体。宿主植物的光合产物输送给AM真菌作为碳源，反过来，AM真菌从土壤中吸收养分等输送给宿主植物，构成了共生关系。在这种共生关系中，AM真菌的存在不仅提高了植物养分吸收能力，增加了宿主植物对养分的转运，促进养分的利用，也增强了植物抵抗生物及非生物胁迫的能力。

三、实验材料

1. 实验菌种

根内球囊霉(*Glomus intraradices*，中国丛枝菌根真菌种质资源库编号BGC BJ09)。

2. 实验水稻

采用武运梗系列或者南梗系列水稻(不同地区高校可根据当地的具体情况选择稻种)。选取饱满、大小均一的种子，用70%乙醇处理30 s，0.5%次氯酸钠溶液处理5 min，再用无菌水冲洗数次，25 ℃催芽2 d，水培培养至3叶1芯期。

3. 实验基质

实验基质由过2 mm筛的泥炭土与河沙按1∶1(V/V)混合而成，于高温高压灭菌锅中121 ℃灭菌2 h，冷却备用。

四、实验操作

实验所用塑料盆经70%乙醇处理后，装入已灭菌基质1 kg，接菌处理每盆加入25 g菌种，不接菌种处理每盆加入25 g灭菌的菌种。每盆移入3叶1芯期、长势均匀一致的水稻幼苗6株。室外常温培养至有效分蘖临界期，将各处理按随机区组方式排列，放入光照培养箱中，培养箱光照时长14 h，每隔一天更换一次营养液，保持基质相对含水量为75%左右，每处理3次重复操作。水稻共6盆。7 d后取样测定水稻株高、根长和植株养分含量等指标。

五、指标测定

(1)水稻植株样品用自来水清洗干净，用滤纸擦干，测量株高、根长，称取地上部和根系鲜重，105 ℃杀青30 min后，于85 ℃烘干至恒重，并称重。

(2)菌根侵染率：用醋酸墨水染色法测定。

(3)植株全N、P、K：H_2SO_4-H_2O_2消煮，溶液中氮用AA3连续流动分析仪测定，也可用蒸馏定氮法测定，磷用钼锑抗比色法测定，钾用火焰光度计法测定。

(4)植株全Ca、Mg、Fe、Mn、Cu、Zn：1 mol/L HCl浸提，用ICP-AES分析仪测定。

六、注意事项

基质不能用消毒剂灭菌消毒，防止残留的消毒剂影响内生菌根的生长；另外选用的基质如果是从农田采集的土壤，要确保土壤中没有残留的杀菌剂。

七、思考题

(1)请说说生活中看到的植物与微生物形成内生菌根的例子。

(2)请举例说明还有哪些植物与微生物形成互利共生关系。

(3)为何在本实验中要将基质事先高温湿热灭菌？

(4)内生菌根为什么能够提供矿质养分给植物利用？

实验十二　植物微生物互作对植物养分吸收的影响——豆科植物共生根瘤菌

一、实验目的和意义

农田土壤中存在很多根瘤菌，能与种植在土壤中的豆科作物形成共生体系，在豆科作物根部形成一种特殊的结构——根瘤。根瘤菌能够利用空气中的氮气合成氨，供应豆科植物利用，所以豆科植物能在肥力低下的土壤中生长得很好，同时种植过豆科植物的土壤比较肥沃，土壤中氮素比较高。农业生产中，利用豆科绿肥改良土壤来提高土壤肥力。通过本实验，可以了解豆科作物根瘤菌对豆科作物的养分贡献机理。

二、实验原理

大豆为豆科植物，能与根瘤菌一起形成根瘤，是土壤中的根瘤菌从大豆根系入侵后形成的特殊结构。根瘤菌不仅能固氮，而且还能分泌生长激素、有机酸和氢离子，进而促进寄主植物生长、活化土壤难溶性无机磷。根瘤菌接种是提高豆科植物产量和品质的关键技术，是栽培管理的重要环节。明确接种根瘤菌对大豆产量品质的影响有益于大豆的高产优质栽培，提高产量，提高经济效益。

三、实验材料

1. 豆科植物品种

大豆、豌豆或者花生。

2. 根瘤菌品种

试验接种的根瘤菌为自主分离筛选的扁豆属根瘤菌[*Rhizobium* sp. (lablabi)]，可在pH值4～11范围内生长。

3. 液体培养基

用酵母粉、甘露醇、土壤提取液(土：水=1：100)组成的液体培养基(每升液体培养基含1 g酵母粉、10 g甘露醇、0.5 g K_2HPO_4、0.2 g $MgSO_4 \cdot 7H_2O$、0.1 g NaCl、0.1 g $CaCl_2 \cdot 6H_2O$、4 mL RH微量元素液、100 mL土壤提取液，pH值6.8～7.2，其中RH微量元素液包括H_3BO_3 5 g、Na_2MoO_4 5 g、H_2O 1000 mL)培养7 d(28 ℃)，培养基中的IAA分泌浓度164.29 mg/L。取保存的根瘤菌接种于固体培养基上生长72 h(28 ℃，避光)，再接种于液体培养基中，50 r/min振荡，在同样培养条件下培养72 h，制备出液体根瘤菌剂(菌体浓度大于10^9 CFU/mL)备用。

4. 土壤

采集20 cm深处的耕作层土壤样品，晾干，捡除杂物及石块，碾碎，过4 mm筛，蒸汽灭菌备用。

四、实验操作

盆栽试验种植 3 个月收获。塑料培养钵的直径为 22.5 cm、高 16 cm，每钵装土 3.5 kg。先用 10% H_2O_2 消毒种子，洗净，然后拌入液体根瘤菌剂 5 mL。每盆播种 30 粒，出苗 1 周后间苗，每盆留 10 株，15 d 后再次间苗，每盆留 7 株。肥料以基肥方式施入，化肥用 NH_4NO_3、KH_2PO_4、KCl 分析纯。试验重复 3 次。培养持续 3 个月，期间定期浇水、除草。

五、测定项目与方法

(1)收获前选择晴朗少云的天气，于 10:00—11:00 气孔张开度最大时，选择从上而下第 3 片 3 出复叶的中间叶，用 Li-6400 便携式光合仪测定净光合速率、胞间二氧化碳浓度、蒸腾速率、气孔导度。

(2)收获时测定植株高度，并记录根瘤数和瘤重(鲜重)，分别收获地上和地下部。地下与地上部重量之比为根冠比，地上叶片重量与茎秆重量之比为叶茎比，合计为总生物量(鲜重)。105 ℃杀青后 80 ℃烘干至恒重，过 1 mm 筛，以备测定养分含量。

(3)用 H_2SO_4-H_2O_2 消化植株样品，蒸馏法定氮，钼锑抗比色法测磷，火焰光度法测定钾含量，原子吸收分光光度法测定钙、镁含量，索氏提取法测定大豆或者花生粗脂肪含量，灼烧法测定秸秆粗灰分含量。

(4)风干收获后的土壤，磨细过筛。采用苯酚-次氯酸钠比色法测定脲酶活性，二硝基水杨酸比色法测定蔗糖酶活性，$KMnO_4$ 滴定法测定土壤过氧化氢酶活性，磷酸苯二钠比色法测定碱性磷酸酶活性。

六、注意事项

根瘤菌与宿主有专业的共生对应关系，一般不同豆科作物的根瘤菌在不同属种之间亲和性较低，诱导结瘤的成功率不高，因此应选择有对应专业关系的根瘤菌与宿主进行实验。在本实验中，接种前土壤必须进行湿热灭菌。

七、思考题

(1)土壤中的根瘤菌与豆科植物根瘤中的根瘤菌有何异同？

(2)为何本实验中从农田 20 cm 深耕作层采集的土壤要进行高温湿热灭菌？

(3)豆科植物根瘤菌是一种固氮菌，请说说固氮酶及其活性中心的作用。

(4)为什么豆科植物根瘤菌在豆科植物根瘤内常温常压下就能将空气中的氮气和水分子合成氨气？

(5)豆科植物与根瘤菌共生互惠，豆科植物为根瘤菌提供什么？

实验十三　植物微生物互作对植物养分吸收的影响——土传病害及寄生菌

一、实验目的和意义

土壤中微生物经过几千万上亿年与植物互作，既有互利共生的生态关系，也有偏利促生关系，当然也有有害的寄生关系。土传病害指生活在土壤中的病原菌或者土壤中病株残体的病菌，主要危害植株根、茎，侵染维管束，由根部向茎尖发展。病原菌在维管束内生殖，堵塞其输送营养物质，以致植株枯败死亡，甚至造成颗粒无收，在设施栽培过程中由于作物的连作，往往造成土传病害爆发。通过本实验，可以了解土传病害对植物生长的影响过程及其对养分吸收的影响，可以指导农业生产防控植物土传病害。

二、实验原理

茄科、葫芦科植物很容易发生连作土传病害。尖孢镰刀菌是西瓜、黄瓜、番茄等枯萎病的重要土传病菌，造成西瓜、黄瓜、番茄等生长受阻，严重的枯萎死亡。尖孢镰刀菌是一种土传真菌，产生两头尖尖的像弯曲镰刀一样的孢子。菌丝中空、有隔、管状。平板菌落因为分泌紫色素而呈现紫红色。孢子在土中适宜条件下萌发，产生菌丝，进入寄主西瓜、黄瓜或者番茄根部，并在木质部导管内不断繁殖，沿着导管向上移动，堵塞导管，影响西瓜、黄瓜或者番茄从根部吸收水分和养分向上转运，从而导致寄主植物缺水萎蔫，严重情况时枯萎死亡。同时，根部导管中的尖孢镰刀菌产生的毒素（镰刀菌酸）直接引起寄主水分和养分吸收受阻。

三、实验材料

（1）尖孢镰刀菌：尖孢镰刀菌西瓜专化型（*Fusarium oxysporum* sp. navium）、尖孢镰刀菌黄瓜专化型、尖孢镰刀菌番茄专化型。

（2）西瓜、黄瓜或者番茄种子。

（3）培养皿，摇床，超净工作台，接种针，接种环，打孔器，琼脂，马铃薯，葡萄糖，灭菌锅，试管，30%双氧水，直径 25 cm、高度 15 cm 塑料盆钵，农田 20 cm 深处耕作层土壤。

四、实验方法

1. 土壤灭菌

将农田土壤装入布袋，放入灭菌锅湿热灭菌，121 ℃保持 1 h，冷却后，放置 2 d，再次放入灭菌锅内湿热灭菌 1 h，然后取出冷却，备用。

2. 西瓜育苗

将西瓜种子用30%过氧化氢浸泡30 min，进行表面消毒，自来水冲洗，去除剩余的过氧化氢。在自来水中25 ℃浸泡24 h，吸足水分后放入4层潮湿滤纸的培养皿中，在30 ℃恒温箱催芽。种子露白后播入事先灭菌的土壤中，浇水，放置在25 ℃左右，待西瓜种子出苗，大约20 d长出3叶1芯，准备接种。

3. 菌液制作

将马铃薯去皮，切成小块，称取200 g，加入1000 mL自来水中煮沸40 min，将马铃薯块煮烂，冷却，加水定容至1000 mL，用两层纱布过滤，收集滤液，加入10～20 g葡萄糖，搅拌，完全溶解，分装在4个500 mL的三角瓶内，每个三角瓶内放入10～20个小玻璃珠，塞上塞子，灭菌锅湿热灭菌，121 ℃保持20 min，冷却，放入超净工作台。将尖孢镰刀菌西瓜专化型菌种从试管斜面在超净工作台无菌操作下，打孔，接种1～2个菌块到马铃薯葡萄糖液体培养基中，放入摇床培养，温度28 ℃，转速140 r/min，连续培养4 d，直到看到很多菌丝球和黏稠的发酵液，取出。同时做不接种菌种的空白发酵液，即培养基中不接种菌，同样摇瓶培养相同时间，过滤，取滤液。

4. 菌液与土壤混合

将上述灭菌土壤1000 g左右与0、50、100、200、300、400、500、800、1000 mL发酵完成的菌液混合拌匀，静置2～3 h，对应菌液少的部分补充相应体积的空白发酵液。

5. 西瓜幼苗接种

将上述长势一致的健康的3叶1芯西瓜幼苗从苗床中轻轻拔出，同时适当剪断4～5根西瓜幼苗侧根，将根系受伤的西瓜幼苗移入上述混合菌液的土壤中，根系全部与带菌土壤混合，接触2 h，再移栽到灭菌土壤中，每盆移栽5株，浇灌植物营养液，隔天浇灌1次植物营养液，28 ℃继续生长15 d左右。为加强侵染效果，可以在西瓜根部加入少量菌液。同时设置不拌尖孢镰刀菌菌液的对照。

6. 观察与记录

每天观察西瓜生长状况，记录异常现象，记录开始发病时间和开始萎蔫时间及发病数量。

7. 收获西瓜植株

15 d后将全部西瓜植株收获，测量株高、鲜重，将根部泥土洗净，横切根部木质部导管，在显微镜下观察是否有菌丝和尖孢镰刀菌孢子。测定西瓜地上部氮磷钾含量，具体测定用本实验教材前面的方法。

五、发病率及伤害阈值和危害模型

根据西瓜叶片发黄、萎蔫的数量，计算西瓜植株发病率。

$$发病率=(发病总株数/调查总株数)\times 100\% \tag{2.11}$$

分别计算西瓜植株中氮磷钾养分含量，与对照相比，计算养分吸收减少量和百分率。计算西瓜植株长度和生物量，并与未接种病菌西瓜植株对照比较，计算病菌导致的西瓜植株长度、生物量比对照减少的百分率。

根据9个接种菌液浓度与对应的西瓜植株发病和伤害程度，建立一个关系式，将50%植株发病对应的接种菌液浓度设为该病菌的伤害阈值(Plant Damage Valve)DC_{50}。根据9个接种菌液浓度与对应的西瓜植株总氮磷钾的关系，建立尖孢镰刀菌-西瓜养分吸收影响模型。

六、注意事项

尖孢镰刀菌具有寄主专业性，不同的尖孢镰刀菌不能接种到不同的寄主植物中。一定要把接种后的西瓜放置在28 ℃及以上温度环境培养。西瓜栽培的土壤一定要事先灭菌。实验完成后要把带病植株和土壤进行灭菌处理，不能随便丢弃，造成周围植物疾病传播。

七、思考题

(1)为何在西瓜种子萌发前要进行消毒?

(2)为何土壤灭菌要进行两次?

(3)为何在病菌拌土后与西瓜苗接触时要事先剪断几根西瓜苗须根?

(4)不同土传病菌、不同寄主作物的最低发病菌数量相同吗?

(5)尖孢镰刀菌对西瓜植株吸收养分的影响是什么?

实验十四　植物养分吸收中的电荷平衡——水稻根系铵离子/质子电荷平衡

一、实验目的和意义

植物根系从土壤溶液中吸收养分离子，不是均等吸收的，具有选择吸收性。为了维持植物根系细胞膜内外电荷平衡，在吸收某些离子进入细胞膜后，细胞膜要向外泵出同性离子，以平衡细胞膜内外电荷。植物根部细胞选择性吸收离子，造成细胞膜内外电荷不平衡，同时细胞膜上泵出氢质子，导致植物根系周围环境逐渐酸化，长期积累会造成土壤酸化，导致土壤养分离子损失，理化性状变化。

二、实验原理

NH_4^+ 的吸收强烈极化了细胞膜电位，从而增加了质子的净释放。在较高的外部铵离子浓度下，NH_3 可能进入细胞，细胞膜上氢质子泵（H^+-ATPase）向外泵出氢质子，导致外部酸化。相反，NO_3^- 的吸收，包括质膜 H^+ 共运输系统对 H^+ 的吸收，使根际碱化。此外，NH_4^+ 的同化是一个质子产生过程，而 NO_3^- 的同化是一个质子消耗过程，放出氢氧根离子。由于缓冲不足，当 pH 值发生变化时，NH_4^+ 导致质子产生，可能会干扰细胞新陈代谢。

三、实验材料

营养液组成：0.3 mmol/L K_2SO_4、0.3 mmol/L KH_2PO_4、1 mmol/L $CaCl_2$、1 mmol/L $MgSO_4$、9 mmol/L $MnCl_2$、0.39 mmol/L Na_2MoO_4、20 mmol/L H_3BO_4、0.77 mmol/L $ZnSO_4$、0.32 mmol/L $CuSO_4$ 和 20 mmol/L EDTA-Fe。氮素供应为 1.25 mmol/L $(NH_4)_2SO_4$ 或 $Ca(NO_3)_2$。

材料：1 mmol/L Na_3VO_3、水稻种子、pH 计。

四、实验方法

水稻种子用 10% H_2O_2 灭菌 30 min，然后在 0.5 mmol/L $CaSO_4$ 溶液中透气浸泡 1 d，再置于含 0.5 mmol/L $CaSO_4$ 滤纸上 30 ℃黑暗培养。2 d 后，种子在装有 1 mmol/L $CaSO_4$ 的 5 L 塑料容器的塑料支撑网（2 mm^2）上萌发 7 d，然后加入 1/4 浓度的 pH 值 5.3 营养液。置于培养室里生长，培养条件为 26/20 ℃（昼/夜），12 h 光照/2 h 黑暗周期，相对湿度为 60%。将水稻幼苗培育到 4 叶 1 芯后移到烧杯的完全营养液中进行实验，并插入微型通气泵向每个烧杯中通气，每天通气 6～10 次，每次 30 min。

实验开始时，每天用pH计分别监测营养液中氮素为铵态氮和硝态氮的烧杯，并记录，连续监测7 d。当营养液面下降、露出部分水稻植株根系时，立即补充相应的营养液。在8 d时，向水培水稻的烧杯营养液中加入50 mL钒酸钠溶液，开通微型通气泵搅拌均匀，培养3 d，继续测定pH值。

五、测定项目及方法

处理10 d后，收获水稻植株，将其分成地上部和根部。测定鲜重后，将剩余样品在105 ℃烘箱中加热20 min，然后在70 ℃干燥2 d，干燥样品在260～270 ℃用H_2SO_4-H_2O_2消化后测定总氮浓度。同时测定实验开始和结束时的pH值。

六、结果计算

计算7 d内水稻植株吸收的铵态氮或者硝态氮与水培液中pH值变化的氢质子或氢氧根离子浓度关系。

计算8～10 d水稻培养液pH值的变化。

七、注意事项

水稻培养液事先灭菌；配制试剂的蒸馏水纯度要高；每次用pH计测定水培液pH值前，要开动微型通气泵，搅拌营养液，均匀后再测定；第8天添加钒酸钠溶液时也要开动通气泵搅拌均匀，每1000 mL中添加50 mL钒酸钠溶液。

八、思考题

(1)水稻吸收铵根离子后，为何要向细胞膜外放出一个氢质子？

(2)水稻营养液里添加钒酸钠后有什么现象发生？

(3)水稻吸收铵根离子向土壤中释放氢离子的生理现象对水稻生产管理有何指导意义？

实验十五　植物养分吸收——叶面肥特性

一、实验目的

植物叶片上的气孔通道除了作为主要的气体交换场所外，还可以吸收水分及溶解在水中的养分，因此植物叶片可以吸收少量养分，直接沿着叶片木质部导管输送到叶片上的每一个细胞。植物在刚移栽和受灾害、大气污染后，生长受到影响，可以利用叶面吸收养分特性，紧急施用叶面肥，促进植物恢复生长。对于某些缺素症，喷施对应养分元素的叶面肥，效果最快、最好。微量元素土壤施肥很容易被土壤固定，不易被植物吸收利用，可以利用植物叶面吸收养分特性，制成液体叶面肥施用，快速满足植物对微量养分元素的需要，减少土壤的固定。

二、实验原理

植物缺氮后叶片容易变黄，尤其是老叶容易发黄、脱落。植物缺铁后容易造成叶片发黄失绿。叶面喷施对应的叶面肥后，可以迅速见效，叶片很快恢复绿色，植物生长健壮。利用缺氮和缺铁的基质栽培小麦或者水稻幼苗，其生长一段时间后，叶片变黄。对叶片喷施一定浓度的尿素和硫酸亚铁，1 d 后叶片就逐渐变绿。连续 2 d 喷施，第 3 天后叶片完全恢复绿色。

三、实验材料

1. 实验植物及器皿

小麦或水稻种子，育苗盘，栽培基质蛭石、黑云母、泥炭土等，手持式叶绿素仪 SPAD，光照培养箱。

2. 实验试剂

实试验所用叶面肥为尿素（N 46%）、硫酸亚铁（$FeSO_4 \cdot 7H_2O$），其他试剂还有 30%过氧化氢、超纯水、缺氮和缺铁的 Hoagland 营养液。

四、实验方法

采用小麦或者水稻种子进行育苗。实验前，将小麦种子用 30# 双氧水浸泡 10 min，进行表面消毒。然后浸泡在 30 ℃自来水中保持 24 h，让种子吸足水分。转移膨胀的种子到育苗盘的基质中，事先灭菌。待长出 5 片真叶时，选择生长基本一致、根系发达、无病虫害和机械损伤的小麦幼苗拔出，洗净根部。置于缺氮和缺铁营养液中继续培养 4～7 d，至出现小麦叶片发黄。

配制浓度为0.2%的尿素溶液、浓度为100 mg/L的硫酸亚铁溶液。叶面肥喷施选择在晴朗天气16:00以后进行，在小麦叶片黄化后喷施。喷施要求雾滴细小、均匀、细致，喷施量以叶片自然滴水为止，叶片正面和背面均喷施。连续两天喷施。同时设置不喷施叶面肥的对照。

五、测定项目及方法

喷施叶面肥前测定小麦叶片的叶绿素含量。用SPAD测定小麦叶片的叶绿素含量。喷施叶面肥后2、3、4 d，测定叶片叶绿素含量。

六、注意事项

小麦幼苗水培时一定要缺素，一定要连续培养几天，直到叶片发黄、出现典型的缺素症。配制叶面肥时，一定要严格控制浓度，对于大量元素不超过0.2%，对于微量元素不超过500 mg/L。

七、思考题

(1)松科和女真科植物叶片较厚，且有一层厚厚的蜡质或者脂类覆盖，如何使喷施的叶面肥发挥效果?

(2)大田施用叶面肥时要注意什么?

(3)一般在什么情况下施用叶面肥?

实验十六　植物养分吸收——气体肥料特性(二氧化碳肥)

一、实验目的

植物叶片气孔能够吸收分子态气体，大气中的二氧化碳能够被通过气孔进入叶片叶肉细胞，进行光合作用，合成有机物，因此植物能够通过叶片吸收利用气体肥料 NH_3、CO_2 等。近年来，大气污染造成空气中 NH_3 和 CO_2 增加，除了对大气有污染外，从植物营养学角度来看也为植物生长提供了叶面气体肥料。在设施栽培的大棚内增施二氧化碳肥料，可以显著提高作物产量和农产品品质。本实验可以验证植物叶片吸收气态肥料的特性。

二、实验原理

CO_2 是植物光合作用的原料，在植物的 CO_2 饱和点以下，植物光合强度随 CO_2 浓度的增高而增大。大气 CO_2 浓度为 300～330 μL/L，远不能满足植株最大光合作用的需要，尤其在密闭的大棚中，CO_2 浓度可降低至 100 μL/L，植物光合作用严重受阻，植物的碳水化合物同化率低，植株减产，品质下降，抗逆性差，严重影响了大棚光温条件的发挥。

大棚增施的 CO_2 有 40%左右可被番茄吸收利用。增施 CO_2 可以增加番茄的生物量，提高番茄的产量，改善番茄的品质以及减少病虫害的发生。

三、实验材料

(1)供试土壤：棕壤。

(2)供试作物：番茄(圆红大宝)。

(3)供试肥料：复合肥(N-P_2O_5-K_2O 为 26-11-11)、过磷酸钙(P_2O_5 12%)、硫酸钾(K_2O 54%)。

(4)供试气肥：干冰(柱状)CO_2 气肥。

(5)供试大棚：覆盖白色塑料薄膜大棚。

(6)主要仪器设备：CO_2 浓度仪、便携式叶绿素仪、凯氏定氮仪、紫外分光光度计。

四、实验方法

本实验在设施大棚内进行，共包含 6 个大棚(2.4 m×2 m)，设置 6 个 CO_2 浓度梯度，分别为 300(对照)、600、800、1000、1200、1400 μL/L。每个棚内常规施肥，施入量为复合肥 110.0 g/区、过磷酸钙 33.0 g/区、硫酸钾 36.0 g/区。化肥施用方式为移栽幼苗时作为基肥，采取条施一次性施入土壤，后期无追肥。番茄幼苗移栽入大棚土壤，每小区 6 株，待番茄幼苗生长至出现5片真叶时，开始施用CO_2气肥，每天08:00左右施用，阴雨天气不施，用CO_2浓度仪监测其浓度。番茄的生长时期内，每隔7 d测定一次叶绿素含量，3穗果后摘芯，去除顶端优势，果实成熟后开始计产量，测定番茄果实氮磷钾含量及品质。

五、测定指标及方法

(1)番茄产量以实收产量为准，同时在最后测定番茄植株生物量。

(2)番茄果实可溶性糖采用蒽酮比色法测定。

(3)番茄果实维生素C采用2,6-二氯靛酚滴定法测定。

(4)番茄果实中硝酸盐采用水杨酸消化法测定。

六、注意事项

可以租用农民大面积的塑料大棚，设置不同的小区进行试验，千万注意大棚密封后，尤其是小区大棚密封后，里面输入二氧化碳会造成缺氧，人在里面注意通风透气，防止缺氧窒息发生生命危险。

七、思考题

(1)是不是大气二氧化碳浓度越高越好，越有利于作物生长？

(2)除了本实验采用的二氧化碳干冰作为二氧化碳源，实际生产应用中，可以采用哪些廉价的二氧化碳源？

(3)农业生产中还可以施用哪些气态肥料？

实验十七　农产品品质与植物养分关系——蔬菜体内硝态氮含量测定(水杨酸比色法)

一、实验目的

植物体内硝态氮的含量,不仅能够反映出植物的氮素营养状况,而且对鉴定蔬菜及其加工品的品质也有重要的意义。掌握水杨酸比色法测定蔬菜或其他农产品中硝态氮的测定原理和操作方法。

二、实验原理

在浓酸条件下,NO_3^- 与水杨酸反应,生成硝基水杨酸。其反应式为:

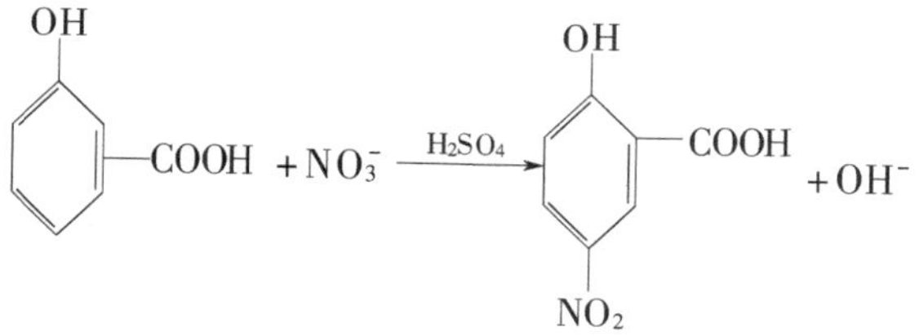

OH
COOH $+NO_3^-$ $\xrightarrow{H_2SO_4}$
OH
COOH $+OH^-$
NO_2

生成的硝基水杨酸在碱性条件下(pH 值>12)呈黄色,最大吸收峰的波长为 410 nm,在一定范围内,其颜色的深浅与含量成正比,可直接比色测定。

三、实验材料设备

1. 实验材料

植物材料。

2. 仪器设备

722 分光光度计、千分之一天平、刻度试管(20 mL)、刻度吸量管(0. 1、0. 5、5、10 mL)、容量瓶(50 mL)、小漏斗、电炉、铝锅、玻璃球、定量滤纸。

3. 实验试剂

(1)500 mg/L NO_3^--N 标准溶液:精确称取烘至恒重的 KNO_3 0. 7221 g 溶于蒸馏水中,定容至 200 mL。

(2)5%水杨酸-H_2SO_4 溶液:称取 5. 00 g 水杨酸溶于 100 mL 相对密度为 1. 84 的浓 H_2SO_4 中,搅拌溶解后,贮于棕色瓶中,置冰箱保存 1 周有效。

(3)8%NaOH 溶液:80 g NaOH 溶于 1 L 蒸馏水中即可。

四、操作步骤

1. 标准曲线的制作

(1)吸取 500 mg/L NO_3^--N 标准溶液 1、2、3、4、6、8、10、12 mL 分别放入 50 mL 容量瓶中，用去离子水定容至刻度，使之成 10、20、30、40、60、80、100、120 mg/L 的系列标准溶液。

(2)吸取上述系列标准溶液 0.1 mL，分别放入刻度试管中，以 0.10 mL 蒸馏水代替标准溶液作空白。再分别加入 5%水杨酸-H_2SO_4 溶液 0.40 mL，摇匀，在室温下放置 20 min，再加入 8%NaOH 溶液 9.50 mL，摇匀冷却至室温。显色液总体积为 10.00 mL。

(3)以空白作参比，在 410 nm 波长下测定光密度。以 NO_3^--N 质量浓度为横坐标，光密度为纵坐标，绘制标准曲线并计算出回归方程。

2. 样品中硝酸盐的测定

(1)样品液的制备。取一定量的植物材料剪碎混匀，用感量为 0.01 g 的天平精确称取材料 2 g 左右，重复 3 次，分别放入 3 支刻度试管中，各加入 10 mL 去离子水，用玻璃球封口，置入沸水浴中提取 30 min。到时间后取出，用自来水冷却，将提取液过滤到 25 mL 容量瓶中，并反复冲洗残渣，最后定容至刻度。

(2)样品液 NO_3^--N 的测定。吸取样品液 0.10 mL 分别于 3 支刻度试管中，然后加入 5%水杨酸-H_2SO_4 溶液 0.40 mL，混匀后置室温下 20 min，再慢慢加入 8%NaOH 溶液 9.50 mL，冷却至室温，以空白作参比，在 410 nm 波长下测其光密度。

五、结果计算

$$NO_3^-\text{-N}(\mu g/g)=D\cdot V/W \qquad (2.12)$$

式中，D 为标准曲线上查得或回归方程计算得到的 NO_3^--N 的浓度(mg/L)；V 为样品液总量(mL)；W 为样品鲜重(g)。

六、教学方式

实验操作过程分小班进行，即每位教师指导学生人数不得超过 16 人；学生实验过程中一人一组。实验前，老师先检查学生实验内容预习情况，再讲解实验原理、操作方法和注意事项，学生们再动手操作。实验过程中，老师随时提醒学生应注意的问题或指出操作不当等情况，最后检查每位学生实验过程所得原始数据。

七、注意事项

实验报告要求写明实验目的和意义、实验原理、操作步骤、原始数据记录、结果计算和注意事项以及实验结果分析或实验过程出现的问题。最好选择叶菜类植物作为实验材料，同时最好在实验开始前 3～5 d 施用氮肥，这样叶菜体内含有大量硝态氮，有助于实验成功。

八、思考题

(1)试判断以下植物器官中硝态氮含量的高低,并说明原因:萝卜的根、叶柄、叶片相比较;大白菜绿叶、外层包心叶、菜心、菜帮相比较。

(2)蔬菜中残留的硝态氮对人体有什么可能的危害?

(3)农田中旱地还是水田硝态氮比较多?

(4)怎样理解食品安全从田头抓起?

实验十八　农产品品质与植物养分关系——蔬菜体内维生素C含量测定

一、实验目的

维生素是农产品尤其是新鲜蔬菜水果的重要品质指标。人体不能自己合成维生素，每天都需要摄入足量的维生素，缺乏维生素会导致人体代谢机能障碍。本实验重点介绍蔬菜体内维生素C含量测定及分析的原理及方法。通过本实验了解施肥与作物品质关系，做到科学施肥。

二、实验原理

维生素C(VC)又称抗坏血酸，主要存在于新鲜水果及蔬菜中。人体缺乏VC会导致口腔溃疡、牙龈出血。水果以在猕猴桃中含量最多，在柠檬、橘子和橙子中含量也非常丰富；蔬菜以辣椒中的含量最丰富，在番茄、甘蓝、萝卜、青菜中含量也十分丰富；野生植物以刺梨中的含量最丰富，每100 g中含2800 mg，有"维生素C王"之称。维生素C为无色晶体，味酸，溶于水及乙醇，不耐热，在碱性溶液中极不稳定，日光照射后易被氧化破坏，有微量铜、铁等重金属离子存在时更易氧化分解，干燥条件下较为稳定。故维生素C制剂应放在干燥、低温和避光处保存；在烹调蔬菜时，不宜烧煮过度并应避免接触碱和铜器。

维生素C具有很强的还原性。它可分为还原型和脱氢型。还原型抗坏血酸能还原染料2,6-二氯酚靛酚(DCPIP)，本身则氧化为脱氢型。在酸性溶液中，2,6-二氯酚靛酚呈红色，还原后变为无色。因此，当用此染料滴定含有维生素C的酸性溶液时，维生素C尚未全部被氧化前，滴下的染料立即被还原成无色。一旦溶液中的维生素C全部被氧化，则滴下的染料立即使溶液变成粉红色。所以，当溶液从无色变成微红色时即表示溶液中的维生素C刚刚全部被氧化，此时即为滴定终点。如无其他杂质干扰，样品提取液所还原的标准染料量与样品中所含还原型抗坏血酸量成正比。

三、实验材料与设备

(1)2%草酸溶液：草酸2 g溶于100 mL蒸馏水中。

(2)1%草酸溶液：草酸1 g溶于100 mL蒸馏水中。

(3)标准抗坏血酸溶液(1 mg/mL)：准确称取100 mg纯抗坏血酸(应为洁白色，如变为黄色则不能用)溶于1%草酸溶液中，并稀释至100 mL，贮于棕色瓶中，冷藏。最好临用前配制。

(4)0.1% 2,6-二氯酚靛酚溶液：250 mg 2,6-二氯酚靛酚溶于150 mL含有52 mg $NaHCO_3$

的热水中，冷却后加水稀释至250 mL，贮于棕色瓶中冷藏（4 ℃）约可保存一周。每次临用时，以标准抗坏血酸溶液标定。

（5）其他：100 mL锥形瓶（2），10 mL移液管（1），100 mL、250 mL容量瓶（各1），5 mL微量滴定管（1），研钵，漏斗，纱布。

四、实验步骤

1. 提取

水洗干净整株新鲜蔬菜或整个新鲜水果，用纱布或吸水纸吸干表面水分。然后称取20 g，加入20 mL 2%草酸，用研钵研磨，四层纱布过滤，滤液备用。纱布可用少量2%草酸洗几次，合并滤液，滤液总体积定容至50 mL。

2. 标准液滴定

准确吸取标准抗坏血酸溶液1 mL置于100 mL锥形瓶中，加9 mL 1%草酸，用微量滴定管以0.1% 2,6-二氯酚靛酚溶液滴定至淡红色，并保持15 s不褪色，即达终点。由所用染料的体积计算出1 mL染料相当于多少毫克抗坏血酸（取10 mL 1%草酸作空白对照，按以上方法滴定）。

3. 样品滴定

准确吸取滤液2份，每份10 mL，分别放入2个锥形瓶内，滴定方法同前。另取10 mL 1%草酸做空白对照滴定。

五、结果计算

$$\text{维生素C含量(mg/100 g样品)} = \frac{(V_A - V_B) \times C \times T}{D \times W \times 100} \tag{2.13}$$

式中，V_A为滴定样品所耗用的染料的平均毫升数；V_B为滴定空白对照所耗用染料的平均毫升数；C为样品提取液的总毫升数；D为滴定时所取样品的提取液毫升数；T为1 mL染料能氧化抗坏血酸毫克数（由上述实验步骤2计算得出）；W为待测样品的重量（g）。

六、注意事项

（1）某些蔬菜（如橘子、西红柿等）浆状物泡沫太多，可加数滴丁醇或辛醇。

（2）整个操作过程要迅速，防止还原型抗坏血酸被氧化。滴定过程一般不超过2 min。滴定所用的染料不应小于1 mL或多于4 mL。如果样品含维生素C太高或太低，可酌情增减样液用量或改变提取液稀释度。

（3）提取的浆状物如不易过滤，亦可离心，留取上清液进行滴定。

七、思考题

（1）人体需要的维生素分为哪几大类？

(2)维生素与人体新陈代谢有什么关系?

(3)除了新鲜水果蔬菜是人体的维生素来源外,还有哪些天然的维生素资源?

(4)怎样通过施肥等技术手段提高蔬菜水果维生素含量?

(5)根据植物营养与农产品品质的关系,谈谈从2016年开始国家提出的减肥减药行动的科学性。

实验十九　农产品品质与植物养分关系——水果内总糖的测定

一、实验目的

农产品品质之一的总糖，尤其是水果的总糖与水果品质和经济性有很大关系。对于水果而言，总糖含量高，水果口感甜，消费者就喜爱，销售就好，果农经济效益就好，因此测定水果总糖可以考察水果的品质指标。通过本实验，可以了解植物养分与农产品品质的关系。

二、实验原理

糖是食品的三大营养成分（蛋白质、糖和脂肪）之一，是食品的主要成分之一，也是人体热能的主要供给源。总糖通常指具有还原性的糖和测定条件下能水解为还原性单糖的蔗糖总量（可溶性单糖、低聚糖的总量）。

目前测定食品中总糖的方法通常采用国标《食品安全国家标准 食品中还原糖的测定》（GB 5009.7—2016）和《食品安全国家标准 食品中果糖、葡萄糖、蔗糖、麦芽糖、乳糖的测定》（GB/T 5009.8—2016）中的高锰酸钾滴定法或直接滴定法。常规食品中总糖的测定方法通常先将样品进行酸水解处理，然后再按照 GB 5009.7—2016 中测定还原糖的直接滴定法来滴定，进行总糖的测定，用葡萄糖标准溶液滴定酒石酸铜溶液，再用处理好的样品溶液来滴定酒石酸铜溶液。操作过程中需要清洗滴定管，操作烦琐。

本实验介绍一种新的返滴定方法。

三、试剂制备

（1）100 g/L 亚铁氰化钾溶液。

（2）盐酸为 1+1 盐酸。

（3）碱性酒石酸铜甲液：将 15 g 硫酸铜及 0.05 g 次甲基蓝溶于水中并稀释至 1000 mL。

（4）中碱性酒石酸铜乙液：将 50 g 酒石酸钾钠、75 g 氢氧化钠溶于水中，加入 4 g 亚铁氰化钾完全溶解后定容至 1000 mL。

四、实验步骤

（1）样品处理：称取固体样品 2.0～5.0 g，精确至 0.0001 g，吸取液体样品 2～10 mL，控制水解液总糖为 1～2 g/L，加入 100 mL 水、5 mL 乙酸锌和 5 mL 亚铁氰化钾溶液至 250 mL 容量瓶中，加水至容量瓶的刻度，混匀沉淀静置，静置 30～40 min 后过滤（不含蛋白质、脂肪的样品可不加乙酸锌和亚铁氰化钾溶液。)。

(2)试液制备:取50 mL过滤液置于100 mL容量瓶中,加5 mL盐酸,67～69 ℃水溶加热15 min,加甲基红指示液2滴,NaOH中和至中性定容至刻度。不含蛋白质、脂肪的液体试样直接在250 mL容量瓶中加5 mL盐酸,68 ℃±1 ℃水溶加热15 min,加甲基红指示液2滴,NaOH中和至中性定容至刻度。

(3)试液中总糖测定:用5 mL定样加量器取5 mL试液,加5 mL碱性酒石酸铜甲液及5 mL碱性酒石酸铜乙液置于150 mL锥形瓶中,加玻璃珠2粒;2 min内加热至沸后用葡萄糖溶液返滴定,以每秒1滴的速度滴定,沸腾酸试液至蓝色刚好褪去为终点,记录消耗葡萄糖溶液的体积。

五、结果计算

总糖含量按下式计算:

$$X=\frac{\text{葡萄糖溶液消耗的体积}-\text{葡萄糖滴定试样消耗的体积}}{m\times\frac{5}{250}\times\frac{50}{100}\times1000} \tag{2.14}$$

或者

$$X=\frac{\text{葡萄糖溶液消耗的体积}-\text{葡萄糖滴定试样消耗的体积}}{m\times\frac{5}{250}\times1000}\times C\times100 \tag{2.15}$$

式中,X为总糖含量(%);m为称取食品样品质量(g)或体积(mL);C为葡萄糖标准溶液浓度(g/L)。

六、注意事项

所用试剂必须是新鲜有效的,不得过期失效,同时采用的蔬菜、水果必须是新鲜的,不能发霉腐烂。不同水果蛋白质、脂类和鞣酸含量不同,对实验有微量影响。

七、思考题

(1)测定水果中的总糖有几种方法?

(2)施用什么肥料可以促进水果合成更多的糖分?

(3)农业上有哪些农艺技术措施提高水果总糖量?

实验二十　农产品品质与植物养分关系——水果内还原糖的测定

一、实验目的

(1)了解斐林试剂热滴定测定还原糖的原理;

(2)掌握果蔬中还原糖测定方法。

二、实验原理

还原糖是指含有自由醛基或酮基的单糖和某些二糖。在碱性溶液中,还原糖将 Cu^{2+}、Hg^{2+}、Fe^{3+}、Ag^{+} 等金属离子还原,而糖本身被氧化和降解。斐林试剂是氧化剂,由甲、乙两种溶液组成。甲液含硫酸铜和次甲基蓝(氧化还原指示剂);乙液含氢氧化钠、酒石酸钾钠和亚铁氰化钾。将一定量的甲液和乙液等体积混合,生成可溶性的络合物酒石酸钾钠铜;在加热条件下,用样液滴定,样液中的还原糖与酒石酸钾钠铜反应,生成红色的氧化亚铜沉淀,氧化亚铜沉淀再与试剂中的亚铁氰化钾反应生成可溶性无色化合物,便于观察滴定终点。滴定时以亚甲基蓝为氧化还原指示剂。亚甲基蓝氧化能力比二价铜弱,待二价铜离子全部被还原后,稍过量的还原糖可使蓝色的氧化型亚甲基蓝还原为无色的还原型亚甲基蓝,即达滴定终点。根据消耗样液量可计算出还原糖含量。

三、实验仪器与试剂

(1)实验仪器:滴定管(15 mL)、移液管(5 mL)、烧杯、三角瓶(150 mL)、容量瓶(100 mL、250 mL 和 500 mL)、漏斗、研钵、酒精灯、铁架台、滴定管夹、水浴锅、分析天平。

(2)斐林试剂甲液:称取 15 g 硫酸铜($CuSO_4 \cdot 5H_2O$)及 0.05 g 次甲基蓝,溶于水中并定容至 1000 mL。

(3)斐林试剂乙液:称取 50 g 酒石酸钾钠及 75 g 氢氧化钠,溶于水中,再加入 4 g 亚铁氰化钾,完全溶解后,用水定容至 1000 mL,贮存于橡皮塞玻璃瓶中。

(4)乙酸锌溶液:称取 21.9 g 乙酸锌,加 3 mL 冰醋酸,加水溶解并稀释到 100 mL。

(5)10.6%亚铁氰化钾溶液:称 106 g 亚铁氰化钾溶于水并定容至 100 mL。

(6)葡萄糖标准溶液:准确称取 1.0000 g 经过 98~100 ℃干燥至恒重的无水葡萄糖,加水溶解后加入 5 mL 盐酸(防止微生物生长),移入 1000 mL 容量瓶中,用水定容至 1000 mL。

(7)1 mol/L NaOH 标准溶液。

(8)15% Na_2CO_3 溶液:称取 15 g 碳酸钠溶于水并定容至 100 mL。

(9)10% $Pb(Ac)_2$ 溶液：称取 10 g 醋酸铅溶于水并定容至 100 mL。

(10)10% Na_2SO_4 溶液：称取 10 g 硫酸钠溶于水并定容至 100 mL。

四、操作步骤

1. 样品处理

将新鲜果蔬样品洗净、擦干，并除去不可食部分。准确称取平均样品 10～25 g，研磨成浆状(对于多汁类果蔬样品可直接榨取果汁吸取 10～25 mL 汁液)，用约 100 mL 水分数次将样品移入 250 mL 容量瓶中，然后用 Na_2CO_3 溶液调整样液至微酸性，于 80 ℃水浴中加热 30 min。冷却后滴加中性 $Pb(Ac)_2$ 溶液沉淀蛋白质等干扰物质，加至不再产生雾状沉淀为止。蛋白质沉淀后，再加入等量同浓度的 Na_2SO_4 除去多余的铅盐，摇匀，用水定容至刻度，静置 15～20 min 后，用干燥滤纸过滤，滤液备用。

2. 斐林试剂的标定

准确吸取斐林试剂甲液和乙液各 5 mL，置于 250 mL 锥形瓶中，加水 10 mL，加玻璃珠 3 粒。从滴定管滴加约 9 mL 葡萄糖标准溶液，加热使其在 2 min 内沸腾，准确沸腾 30 s，趁热以每 2 s 1 滴的速度继续滴加葡萄糖标准溶液，直至溶液蓝色刚好褪去为终点，记录消耗葡萄糖标准溶液的总体积。平行操作 3 次，取其平均值，按下式计算：

$$F = c \times V \tag{2.16}$$

式中，F 为 10 mL 碱性酒石酸铜溶液相当于葡萄糖的质量(mg)；c 为葡萄糖标准溶液的浓度(mg/mL)；V 为标定时消耗葡萄糖标准溶液的总体积(mL)。

3. 样品溶液预测

准确吸取斐林试剂甲液及乙液各 5 mL，置于 250 mL 锥形瓶中，加水 10 mL，加玻璃珠 3 粒，加热使其在 2 min 内至沸，准确沸腾 30 s，趁热以先快后慢的速度从滴定管中滴加样品溶液，滴定时要始终保持溶液呈沸腾状态。待溶液蓝色变浅时，以每 2 s 1 滴的速度滴定，直至溶液蓝色刚好褪去为终点。记录样品溶液消耗的体积。

4. 样品溶液测定

准确吸取碱性酒石酸铜甲液和乙液各 5 mL，置于 250 mL 锥形瓶中，加水 10 mL，加玻璃珠 3 粒。从滴定管中加入比预测时样品溶液消耗总体积少 1 mL 的样品溶液，加热使其在 2 min 内沸腾，准确沸腾 30 s，趁热以每 2 s 1 滴的速度继续滴加样液，直至蓝色刚好褪去为终点。记录消耗样品溶液的总体积。同法平行操作 3 次，取平均值。

五、结果计算

$$\text{还原糖(以葡萄糖计\%)} = \frac{F}{m \times \frac{V}{250} \times 1000} \times 100 \tag{2.17}$$

式中，m 为样品质量(g)；F 为 10 mL 斐林试剂相当于葡萄糖的质量(mg)；V 为测定时平均消耗样品溶液的体积(mL)；250 为样品溶液的总体积(mL)。

六、注意事项

(1)斐林试剂甲液和乙液应分别贮存,用时才混合,否则酒石酸钾钠铜络合物长期在碱性条件下会慢慢分解析出氧化亚铜沉淀,使试剂有效浓度降低。

(2)滴定必须在沸腾条件下进行,保持反应液沸腾可防止空气进入,也可加快还原糖与Cu^{2+}的反应速度。

(3)滴定时不能随意摇动锥形瓶,更不能把锥形瓶从热源上取下来滴定,以防止空气进入反应溶液中。

(4)滴定速度应尽量控制在2 s加1滴,滴定速度快,耗糖增多;滴定速度慢,耗糖减少。滴定时间应控制在1 min内,因此预加糖液量应确保继续滴定时耗糖量在0.5～1 mL以内。

七、思考题

(1)进行斐林试剂测定还原糖实验,为什么要进行预备滴定?

(2)为什么滴定过程要保持沸腾?

(3)滴定至终点,蓝色消失,溶液呈淡黄色,过后又重新变为蓝紫色的原因是什么?

(4)农业生产中怎么通过施肥调控植物养分从而调控农产品尤其是新鲜水果的可溶性糖?

(5)越冬前很多多年生草本植物根部细胞液泡中合成大量可溶性糖分,有什么作用?

实验二十一　农产品品质与植物养分关系——蔬菜膳食纤维的测定

一、实验目的

膳食纤维是指不能被人体消化道酵素分解的多糖类及木植素。它在消化系统中有吸收水分的作用；增加肠道及胃内的食物体积，可增加饱足感；又能促进肠胃蠕动，可舒解便秘；同时膳食纤维也能吸附肠道中的有害物质以便排出；改善肠道菌群，为益生菌的增殖提供能量和营养。蔬菜和水果中的膳食纤维是人体摄取的主要来源，因此测定膳食纤维可以了解蔬菜水果的营养价值。

二、实验原理

膳食纤维具有抗消化特性，是不能被人体小肠消化吸收、而在结肠能部分或全部发酵的碳水化合物及其类似物的总和。总膳食纤维包括不溶性膳食纤维和高分子质量在乙醇中沉淀的可溶性膳食纤维。干燥后的试样经热稳定 α-淀粉酶、蛋白酶和淀粉葡萄糖苷酶酶解消化，酶解液通过乙醇沉淀、过滤、乙醇和丙酮洗涤残渣后干燥、称重，得到总膳食纤维（TDF）残渣；酶解液通过直接过滤、热水洗涤残渣、干燥后称重，得到不溶性膳食纤维（IDF）残渣，滤液用乙醇沉淀、过滤、干燥、称重，得到可溶性膳食纤维（SDF）残渣。TDF、IDF 和 SDF 的残渣扣除蛋白质、灰分和空白即得 TDF、IDF 和 SDF 含量。

三、试剂和溶液

除非另有说明，在分析中应使用确认为分析纯的试剂和蒸馏水、去离子水或相当纯度的水。

(1)95%乙醇。

(2)85%乙醇溶液：取 895 mL 95%乙醇置于 1 L 容量瓶中，用水稀释至刻度，混匀。

(3)78%乙醇溶液：取 821 mL 95%乙醇置于 1 L 容量瓶中，用水稀释至刻度，混匀。

(4)热稳定 α-淀粉酶溶液：CAS 9000-85-5，IUB 3.2.1.1，不含丙三醇稳定剂，0～5 ℃冰箱储存。

①酶活力表示 1：淀粉为底物，以 *Nelson/Somogyi* 还原糖表示——10000 单位/mL±10000 单位/mL（1 个酶活力单位定义为：40 ℃，pH 值 6.5 时，每分钟释放 1 μmol 还原糖所需要的酶量）。

②酶活力表示 2：对硝基苯基麦芽糖为底物，3000 单位/mL±300 单位/mL（1 个酶活力单位定义为：40 ℃，pH 值 6.5 时，每分钟释放 1 μmol 对硝基苯基所需要的酶量）。

(5)蛋白酶:CAS 9014-01-1,IUB 3.4.21.14,不含丙三醇稳定剂,用 MES-TRIS 缓冲液配成浓度为 50 mg/mL 的蛋白酶溶液,现用现配,0~5 ℃储存。

①酶活力表示 1:酪蛋白测试,300~400 单位/mL 或 7~15 单位/mg。

注:1 个酶活力单位定义为:40 ℃,pH 值 8.0 时,每分钟从可溶性酪蛋白中水解出(并溶于三氯乙酸)1 μmol 酪氨酸所需要的酶量;

或定义为:37 ℃,pH 值 7.5 时,每分钟从酪蛋白中水解得到一定量的酪氨酸(相当于 1.0 μmol 酪氨酸在显色反应中所引起的颜色变化,显色用福林酚试剂)时所需要的酶量。

②酶活力表示 2:偶氮-酪蛋白测试,300~400 单位/mL。

注:1 个内肽酶活力单位定义为:40 ℃,pH 值 8.0 时,每分钟从可溶性酪蛋白中水解出(并溶于三氯乙酸)1 μmol 酪氨酸所需要的酶量。

(6)淀粉葡萄糖苷酶溶液:不含丙三醇稳定剂,CAS 9032-08-0,IUB 3.2.1.3,0~5 ℃储存。

①酶活力表示 1:淀粉/葡萄糖氧化酶-过氧化物酶法,2000~3300 单位/mL。

注:1 个酶活力单位定义为:40 ℃,pH 值 4.5 时,每分钟释放 1 μmol 葡萄糖所需要的酶量。

②酶活力表示 2:对-硝基苯基-β-麦芽糖苷(PNPBM)法,130~200 单位/mL。

注:1 个酶活力单位定义(1PNP 单位)为:40 ℃时,有过量的 β-葡萄糖苷酶存在下,每分钟从对-硝基苯基-β-麦芽糖苷释放 1 μmol 对-硝基苯基所需要的酶量。

(7)酸洗硅藻土:CAS 68855-54-9,取 200 g 硅藻土于 600 mL 的盐酸中($HCl:H_2O$=1:4,体积比),浸泡过夜,过滤,用蒸馏水洗至滤液为中性,置于 525 ℃±5 ℃马福炉中灼烧灰分后备用。

(8)6,2-(N-吗啉代)-磺酸基乙烷(MES):CAS 4432-31-9,纯度>99.5%。

(9)三羟甲基氨基甲烷(TRIS):CAS 77-86-1,纯度>99%。

(10)MES-TRIS 缓冲液(0.05 mol/L):称取 19.52 g MES 和 12.2 g TRIS,用 1.7 L 蒸馏水溶解,用 6 mol/L 氢氧化钠调 pH 值至 8.2±0.1,加水稀释至 2 L(注意:24 ℃时 pH 值为 8.2;20 ℃时 pH 值为 8.3;28 ℃时 pH 值为 8.1。一定要根据温度调 pH 值,20 ℃和 28 ℃之间的偏差,用内插法校正)。

(11)盐酸溶液(0.561 mol/L):取 93.5 mL 6 mol/L 盐酸,加入 700 mL 水,混匀后用水定容到 1 L。

(12)石油醚:沸程 30~60 ℃。

(13)丙酮。

(14)氢氧化钠。

四、仪器和设备

(1)高型无导流口烧杯:400 mL 或 600 mL。

(2)坩埚:具粗面烧结玻璃板,孔径 40~60 μm。清洗后的坩埚在马福炉中 525 ℃灰化 6 h,炉温降至 130 ℃以下取出,于重铬酸钾洗液中浸泡 2 h,分别用水和蒸馏水冲洗干净,最后用 15 mL 丙酮冲洗后风干。

(3)真空溶剂过滤装置:真空泵或有调节装置的抽吸器。1 L 的抽滤瓶,侧壁有抽滤口,以及与抽滤瓶配套的橡胶塞。用于酶解液的抽滤。

(4)恒温振荡水浴:95～100 ℃。

(5)分析天平:感量 0.1 mg。

(6)天平(台秤):4000 g 量程,感量 0.1 g。

(7)马福炉:525 ℃±5 ℃。

(8)烘箱:105 ℃,130 ℃±3 ℃。

(9)真空干燥箱。

(10)干燥器:二氧化硅或同等的干燥剂。

(11)pH 计:具有温度补偿功能,精度±0.1。

(12)微量凯氏定氮仪。

(13)移液器:100 μL、5 mL。具有一次性移液器吸头。

五、试样制备

1. 脂肪含量小于 10%的食品

取混匀后的样品于 70 ℃真空干燥过夜,置干燥器中冷却,干样粉碎后过 0.3～0.5 mm 筛。若试样不能加热,则冷冻干燥后再粉碎过筛。粉碎过筛后的干燥试样存放于干燥器中待用。

2. 脂肪含量大于 10%的食品

取适量高温干燥或冷冻干燥的样品,经 25 mL 石油醚分别脱脂 3 次,混匀后于 70 ℃真空干燥过夜,置干燥器中冷却,干燥后要记录由石油醚造成的试样损失,最后计算膳食纤维含量时进行校正。粉碎过筛后的干燥试样存放于干燥器中待用。

3. 含糖量高的食品

取适量样品每克试样,加 10 mL 85%乙醇处理样品 2～3 次进行脱糖处理,40 ℃下干燥过夜,粉碎过筛后的干样存放于干燥器中待用。

六、分析步骤

1. 水分含量测定

按《食品安全国家标准 食品中水分的测定》(GB 5009.3—2016)测定试样中水分含量,用于结果计算。

2. 酶解

(1)准确称取双份试样各 1 g,两份质量差≤0.005 g,精确至 0.1 mg,置于 400 mL 或 600 mL 高型烧杯中,同时制备双份空白样,在每个烧杯中加入 40 mL pH 值 8.2 的 MES-TRIS 缓冲液,磁力搅拌,直至试样完全分散在缓冲液中。

(2)热稳定 α-淀粉酶酶解:加 50 μL 热稳定 α-淀粉酶溶液,加盖铝箔,置于 95 ℃恒温振荡水浴中持续振摇,当烧杯内温度升至 95 ℃开始计时,反应 30 min。

(3)冷却：将烧杯取出，冷却至 60 ℃。用刮勺将烧杯内壁的环状物以及烧杯底部的胶状物刮下，用 10 mL 蒸馏水冲洗烧杯壁和刮勺。

(4)蛋白酶酶解：在每个烧杯中各加入 100 μL(50 mg/mL)蛋白酶溶液，加盖铝箔，置于 60 ℃恒温振荡水浴中，当烧杯内温度达 60 ℃时开始计时，持续振摇反应 30 min。

(5)pH 值调节：反应 30 min 后，边搅拌边加入 5 mL 0.561 mol/L 盐酸。严格控制在 60 ℃，用 1 mol/L 氢氧化钠溶液或 1 mol/L 盐酸溶液调 pH 值至 4.5±0.2。

(6)淀粉葡萄糖苷酶酶解：在上述溶液中边搅拌边加入 100 μL 淀粉葡萄糖苷酶溶液，加盖铝箔，持续振摇，当烧杯内温度达到 60 ℃时开始计时，反应 30 min。

3. 测定

(1)总膳食纤维测定

① 沉淀：在每份试样中，加入预热至 60 ℃的 95%乙醇 225 mL(预热以后的体积)，乙醇与样液的体积比为 4∶1，取出烧杯，盖上铝箔，室温下沉淀 1 h。或者称量酶解液的质量，用天平加入 4 倍质量的预热至 60 ℃的 95%乙醇，4 ℃冰箱中沉淀过夜。

②过滤：在干燥的坩埚中加 1 g 硅藻土，70 ℃真空干燥至恒重。记录坩埚加硅藻土的质量(精确至 0.1 mg)。用 15 mL 78%乙醇将硅藻土润湿并用真空溶剂过滤装置在抽真空条件下使硅藻土平铺于坩埚中。将样品酶解液缓慢转移至对应的坩埚中，抽滤。用刮勺和 78%乙醇将所有残渣转至坩埚中。

③洗涤：分别用 15 mL 78%乙醇、15 mL 95%乙醇和 15 mL 丙酮洗涤残渣各两次，抽滤去除洗涤液后，将坩埚连同残渣在 105 ℃烘干过夜。将坩埚置于干燥器中冷却 1 h，称重(包括坩埚、膳食纤维残渣和硅藻土)，精确至 0.1 mg。减去坩埚和硅藻土的干重，计算残渣质量。

④蛋白质和灰分的测定：称完质量的残渣和硅藻土的混合物，一份用《食品安全国家标准 食品中蛋白质的测定》(GB 5009.5—2016)中方法测定氮含量(N)，以 $N \times 6.25$ 为换算系数，计算蛋白质质量；另一份试样按《食品安全国家标准 食品中灰分的测定》(GB 5009.4—2016)中方法测定灰分，即在 525 ℃灰化 5 h，于干燥器中冷却，精确称量坩埚总重(精确至 0.1 mg)，减去坩埚和硅藻土的干重，计算灰分质量。

(2)不溶性膳食纤维测定

称试样的质量和酶解按步骤 2 进行。

过滤洗涤：试样酶解液全部转移至坩埚中过滤，残渣用 10 mL 70 ℃热蒸馏水洗涤两次，合并滤液，转移至另一 600 mL 高脚烧杯中，按下述(3)备测可溶性膳食纤维。残渣分别用 15 mL 78%乙醇、15 mL 95%乙醇和 15 mL 丙酮各洗涤 2 次，抽滤去除洗涤液，并按前述方法洗涤、干燥、称重，记录残渣质量。

按上述④测定蛋白质和灰分。

(3)可溶性膳食纤维测定

①计算滤液体积：将不溶性膳食纤维过滤后的滤液收集到 600 mL 高型烧杯中。通过称“烧杯＋滤液”总重再扣除烧杯质量的方法估算滤液的体积。

②沉淀：滤液加入 4 倍体积预热至 60 ℃的 95%乙醇，室温下沉淀 1 h。后续测定按总膳食纤维测定步骤的②③④进行。

七、结果计算

样品中膳食纤维含量(DF)以质量分数计，以%表示，TDF、IDF、SDF 均按式(2.18)、式(2.19)计算。

试剂空白质量按下式计算：

$$mB = mBR - mBP - mBA \tag{2.18}$$

式中，mB 为试剂空白质量，单位克(g)；mBR 为双份试剂空白残渣质量均值，单位克(g)；mBP 为试剂空白残渣中蛋白质质量，单位克(g)；mBA 为试剂空白残渣中灰分质量，单位克(g)。

试样膳食纤维的含量按式(2.19)～式(2.20)计算：

$$DF = \frac{\frac{m_{R1} + m_{R2}}{2} - m_P - m_A - m_B}{\frac{m_{S1} + m_{S2}}{2}} \times 100 \tag{2.19}$$

$$m_B = \frac{m_{BR1} + m_{BR2}}{2} - m_{PB} - m_{AB} \tag{2.20}$$

式中，DF 为样品中膳食纤维含量(TDF、IDF、SDF)，%；m_{R1} 和 m_{R2} 为双份试样残渣的质量，单位为毫克(mg)；m_P 和 m_A 分别为试样残渣中蛋白质和灰分的质量，单位为毫克(mg)；m_B 为空白的质量，单位为毫克(mg)；m_{S1} 和 m_{S2} 为试样的质量，单位为毫克(mg)；m_{BR1} 和 m_{BR2} 为双份空白测定的残渣质量，单位为毫克(mg)；m_{PB} 为残渣中蛋白质质量，单位为毫克(mg)；m_{AB} 为残渣中灰分质量，单位为毫克(mg)。

平行测定结果用算术平均值表示，保留一位小数。

八、思考题

(1)实验中添加淀粉酶和淀粉葡萄糖苷酶有什么用途？

(2)膳食纤维与普通纤维有什么异同？

(3)怎样通过施肥调节蔬菜水果中的膳食纤维？

(4)膳食纤维对人体有什么作用？

第三章　高级技能拓展实验

实验一　植物养分与基因诱导表达——水稻磷胁迫

一、实验目的

磷是植物生长发育必需的大量元素之一，在植物体内发挥着重要作用。磷不仅参与许多重要物质如蛋白质、脂质、核酸的生物合成过程，还参与能量代谢、物质运输、光合作用、信号传导等过程，且磷素对提高植物的抗逆性也有重要作用。同时，磷也是植物利用效率最低的营养元素。尽管全球绝大多数土壤中总磷含量高，但就土壤磷对植物的有效性而言，全球约有 43%的耕地、我国约有 2/3 的耕地表现为土壤磷的“遗传学缺乏”。

为解决上述问题，利用生物和非生物途径，活化和充分利用土壤中原有的固定态磷，以降低农业生产对磷肥的依赖，减少磷肥施用量，已成为更经济和环保地解决作物磷营养问题的最新发展趋势。在长期的进化过程中水稻已形成多种机制以适应低磷环境，如根系形态变化、土壤磷活化（根系有机酸和酶分泌）、磷高效吸收运转、体内磷分配和平衡、代谢途径改变以及调节其他元素的吸收等方面。充分利用现有的磷高效吸收利用型水稻材料，分析磷高效吸收利用相关基因对低磷胁迫的应答和调控机制，发掘土壤磷高效利用的关键基因，可为磷高效水稻新品种的选育提供材料和理论指导。

二、实验原理

植物长期进化过程中适应环境要求，形成各种特定功能的基因。在贫瘠的土壤上生长的植物，可能会诱导产生耐瘠薄养分基因，比如磷高效基因，通过基因表达合成更多的酸性磷酸酶，释放到土壤环境中，溶解土壤矿物，释放出可溶性磷素供植物利用，同时，磷高效基因会高效表达，减少能量的消耗，提高基因表达效率。通过已知磷高效基因的水稻品种培育发现，植株中含有磷高效基因，在缺磷条件下，诱导磷高效基因表达；通过测定水稻植物根系酸性磷酸酶活性以及荧光定量 PCR 测定水稻磷高效基因的实时表达，判断磷高效基因的存在和表达及作用。

三、实验材料与仪器

1. 供试水稻材料

根据已经筛选出的磷高效吸收利用型耐低磷水稻仪2434(YI2434)和低磷敏感型水稻通粳981(TJ981),可以购买已知基因的磷高效利用水稻品种做实验。

2. 材料培养和处理:

分别取饱满水稻种子,浸入10%(V/V)双氧水中灭菌30 min,之后用去离子水反复冲洗干净。种子于25 ℃温水中浸种,发芽后的幼苗用水稻完全培养液(按国际水稻研究所提供的配方配制,pH值5.4)进行培养。待水稻幼苗生长至3叶1芯时,选择长势基本一致的秧苗用泡沫板固定移栽于容量为1 L的塑料盆中,同时设全磷和低磷(磷含量分别为0.32 mmol/L和0.016 mmol/L)两个处理。每盆10株,并设置3个重复组,每天更换一次培养液,并将培养液pH值调为5.4。整个培养过程在光照培养箱中进行,条件如下:温度35 ℃,14 h光照/10 h黑暗。将水稻培养至所需处理天数后,取根尖样品用去离子水冲洗,液氮速冻后保存于超低温冰箱中备用。

3. 实验设备

育苗盘、烧杯、液氮、超低温冰箱、光照培养箱、烘箱、微型粉碎机、基因芯片、721紫外可见分光光度计、合成引物、PCR仪、荧光定量PCR仪、电泳仪、凝胶成像仪、RNA提取试剂盒、无菌蒸馏水、剪刀、试管、三角瓶。

四、实验方法

1. 水稻叶片磷含量的测定

取低磷处理不同时间的水稻幼苗叶片,置于鼓风干燥箱内,105 ℃杀青30 min,然后80 ℃烘干至恒量,用微型粉碎机将叶片干样粉碎,过0.25 mm筛,称取0.3000 g叶片粉末,用H_2SO_4-H_2O_2消煮至清亮色。磷含量的测定采用钼锑抗比色法。

2. 基因芯片检测及数据分析

以耐低磷品种仪2434为材料,在低磷处理15 d后,分别取对照和1/20低磷处理的水稻根系(处理和对照组均设置3个生物学重复),用去离子水冲洗,液氮速冻,送至北京博奥生物有限公司(或者其他基因芯片公司)进行Ag-ilentmRNA表达谱芯片检测。

利用分子功能注释系统对基因芯片中检测的差异表达基因进行序列比对,并进一步利用NCBI、UniProtKB/Swiss-Prot对差异表达基因的类型和生物学功能进行查询和核对。

3. 磷活化与吸收相关基因的实时荧光定量PCR验证

(1)引物设计和合成

根据基因芯片分析结果,选取8个与磷饥饿信号转导、磷活化和高效吸收相关的差异表达基因进行Qrt-PCR验证。在NCBI数据库中搜索相关基因的mRNA序列,利用Primer 5.0软件设计所需的引物(表3.1),所有引物送有关基因合成公司合成。

表 3.1　用于实时荧光定量 PCR 的特异性引物序列

基因 ID	功能注释	上游引物	下游引物
Os01g0239000	PHRI	5′-CGCAAGGTGAAGGTGGACT-3′	5′- CGATGTTGTGGCGAGTGAG-3′
Os07g0614700	SPX	5′-CCCATCCAATGACCACC-3′	5′-TTGAAAGCCAAAACACG-3′
Os10g0116800	PAP	5′-ATCACTATGACTGGAGGGG-3′	5′-TGTTTCTGCTGCTGATGTG-3′
Os05g0192100	APA	5′-AGTAGCACAAAGCAGCAATA-3′	5′-CGTTCAGCATCTCCGTC-3′
Os01g0758300	PEPC	5′-TCCAAGCCGCCTTTAGAA-3′	5′-ATCACGGTCTCCACCCATC-3′
Os06g0324800	MFS	5′-CCCTACGATGGATACTGGC-3′	5′-AGGATGAAGGTGGTGGTGTT-3′
Os03g0150800	Q_SPT2	5′-AGCAAGGTCGGGTGGAT-3′	5′-GAAGGTGAGTGCGTAGAGC-3′
Os08g0564000	O_SPT6	5′-GCCTGCTCTTCACCTTCC-3′	5′-CCGACGACAACGACAAAA-3′

(2)水稻根系总 RNA 提取

低磷处理 5、10、15、20 d 后，分别取水稻根系，采用植物总 RNA 提取试剂盒提取总 RNA。

(3)cDNA 第一链合成

取适量所提取的总 RNA，采用快速反转录试剂盒进行逆转录，并将不同样品所合成第一链 cDNA 的浓度统一调整为 300 ng/μL，然后根据需要分装，用于后续实验。

(4)实时荧光定量 PCR

利用 Primer 5.0 软件设计适合实时荧光定量 PCR 反应的引物。将上述 cDNA 作为模板，配制实时荧光定量 PCR 反应体系 20 μL：10 μL SYBR Premix Ex TaqTM II(2×)、0.8 μL PCR 正向引物(10 μmol/L)、0.8 μL PCR 反向引物(10 μmol/L)、0.4 μL ROX Reference DyeⅡ(50×)、2 μL cDNA 模板、6 μL dd H_2O，并以 Ubiquitin5(UBQ5)作为内参基因，应用 ABI PRISM 7500 实时 PCR 系统(Applied Biosystems，USA)进行 PCR 反应。反应程序设定如下：95 ℃下预变性 30 s；然后设定 40 个循环，95 ℃下变性 5 s，55 ℃(根据不同引物选取合适的退火温度)下退火 30 s，72 ℃下延伸 30 s。每个样品重复 4 次操作。

4. 水稻根系酸性磷酸酶活性的测定

(1)根系组织酸性磷酸酶活性的测定

称取 5 g 洗净的水稻鲜根，加入 8 mL 0.2 mol/L 醋酸钠缓冲液(pH 值 5.8)冰浴研磨成匀浆后，12000 r/min 离心 20 min，取上清液 1 mL，加入 2 mL 0.05 mol/L 对硝基苯磷酸二钠(p-NPP)，30 ℃下黑暗反应 30 min，然后加入 2 mL 2 mol/L NaOH 终止反应。以无酶反应为空白对照，在 450 nm 波长下测定吸光值，同时做对硝基苯酚(p-NP)的标准曲线。根系组织酸性磷酸酶活性以单位时间内单位重量鲜根水解 p-NPP 生成的 p-NP 的量来表示，单位为 mg/(h·g)。

(2)根系分泌酸性磷酸酶活性的测定

取水稻幼苗 2 株，用去离子水冲洗干净根系，置于含有 100 mL 1 mmol/L 对硝基酚磷酸二钠(p-NPP)(pH 值 5.4)培养液的锥形瓶中。锥形瓶用黑色薄膜包裹，正常光照培养 2 h 后，吸取 1 mL 反应液加入 5 mL 1 mol/L NaOH 的试管中，摇匀。以无酶反应为空白对照，450 nm 处测定吸光值，同时做对硝基苯酚(p-NP)的标准曲线。然后剪取根系称量鲜质量，根系分泌酸性磷酸酶活性以单位时间内单位质量鲜根水解 p-NPP 生成的 p-NP 的量来表示，单位为 mg/(h·g)。

五、注意事项

(1)有关磷高效基因水稻品种可以从不同研究单位购买，但是一定要弄清楚遗传背景和具体磷高效基因。

(2)实验过程要安静、严肃，不能嬉戏打闹，否则会影响 RNA 提取试剂盒的提取效果。

(3)引物设计要正确，可以多设计几对引物进行预实验。

六、思考题

(1)植物磷高效基因的机理是什么？

(2)谈谈植物磷高效基因对提高作物产品产量、养分利用率，减肥减药、减少磷素污染的意义。

(3)植物磷酸酶对植物磷素养分吸收利用有什么作用？

(4)怎样利用磷高效基因进行作物分子育种？

实验二　植物养分与植物的抗逆性——过量施用氮肥与植物的抗倒伏性

一、实验目的

植物茎秆支撑着这整株植物，使得植物枝叶均匀分散开，获得阳光、空气和水分，如果植物秸秆强度不够，不能支撑整株植物，就会倒伏，影响植物生长。过量施用氮肥，导致植物旺盛生长，植物组织含水量高，纤维合成减少，秸秆硬度不够，遇到大风或者结果重量增加就会倒伏，影响植物光合作用和产量。本实验通过过量施用氮肥，考察植物的倒伏情况，指导生产上合理施用氮肥。

随着科技的发展和人们生活需求的转变，现代玉米生产的新目标要求高产高效协同、增产增效并重。机械化生产能大幅降低生产成本，与种植施肥技术相结合，可显著提高玉米产量，提高玉米收益，成为玉米现代生产技术体系的核心要素。而玉米倒伏会给机械化收获造成阻碍，所以抗倒伏机理的研究对机械化生产技术体系的发展和推广意义重大。

玉米茎秆有支持、贮藏和运输养分的作用，基部茎节的表现对玉米抗倒伏能力具有决定作用受到了广泛认同。单位茎长干物重反映了茎秆干物质的积累情况，是判断玉米抗倒伏能力的重要指标。有研究表明，在华北平原30%～60%的玉米倒伏是茎折倒伏，而且茎折通常发生在基部的3～5节。大量研究表明，基部茎节干物质积累及压碎强度与玉米茎秆抗倒伏能力显著相关。

二、实验原理

本实验采用盆栽玉米进行，分为正常施用氮肥和过量50%～100%处理。过量施肥使得玉米生长旺盛，株高很高，但是茎秆细弱，干物质积累少，抗倒伏能力差。用不同档电风扇对着玉米秸秆吹，比较正常施用氮肥与过量施用氮肥的玉米抗倒伏性能。过量施肥的玉米秸秆很容易被风吹倒。

三、实验材料

选择在当地或者网上购买高秆、中秆、矮秆玉米品种，直径25 cm、高15 cm盆钵，46%尿素，磷酸二氢钾，天平，烧杯，纯水，3档电风扇。

四、实验设计及实验方法

设置3个氮肥用量：180、240和540 kg/hm^2，分别记为F1、F2、F3。磷肥和钾肥用量相同。

实验采用室内盆栽进行，塑料盆钵上口直径 30 cm、高 25 cm，每盆装土 8 kg，所有肥料一次性拌入土中。氮肥为尿素，磷肥和钾肥为磷酸二氢钾。把肥料研碎，溶于 1000 mL 纯水中，在玉米播种后一次性均匀喷入盆土中，保持土壤湿度 35～45%，每隔 5 d 喷水 1 次，每次喷水 800 mL。盆钵随机排列，放置在温室内，白天温度 28 ℃，夜晚温度 18 ℃，白天光照 12 h。

每盆播种玉米 5 粒，等到出苗长出 3 片真叶后，保留长势一致的玉米苗，剔除瘦弱的玉米苗，每盆保留 1 株，每个处理 3 次重复。45 d 后等到玉米株高 1.3 m 左右时，把盆钵搬至离电风扇 50～80 cm 的地方，开动电风扇，对准玉米植株吹风，考察不同氮肥施用的玉米抗倒伏性能。同时采集玉米秸秆和叶片样品，洗净根部土壤，105 ℃杀青 45 min，然后 80 ℃连续烘干 48 h，称重，分别采集茎秆和叶片，测定全氮量。

五、测定项目与方法

测量不同氮肥处理玉米株高，测定玉米茎秆与叶片中全氮量，采用本教材前面的植物含氮量测定方法进行，比较氮肥施用量与植株株高、茎秆及叶片含氮量、倒伏性的关系。

六、注意事项

为了使得本实验效果明显，氮肥用量必须要比常规量高两倍以上，同时选择高秆、中秆、矮秆品种，可以考察不同高度品种与倒伏性的关系。实验过程中要经常观察，浇水，发现病虫害要及时打药防治。

七、思考题

(1)为什么过量施用氮肥会影响植物的抗倒伏性？

(2)施用什么养分元素可以提高植物抗倒伏能力？

(3)为何过量施用氮肥会导致植物病虫害增加？

(4)过量施用氮肥有哪些危害？

实验三　植物养分与植物的抗逆性——硅与水稻的抗倒伏性

一、实验目的

硅是地球上含量仅次于氧的第二大元素，主要以二氧化硅胶($SiO_2 \cdot H_2O$)的形式存在于植物表皮细胞和细胞壁中。水稻是典型的喜硅作物，其茎叶干物质中含硅量达到15%～20%。硅肥在水稻产量构成、生理生态和抗逆性等方面起着十分重要的作用。施用硅肥能够显著增加水稻分蘖数，提高成穗率和产量，提高水稻根系活力、叶片光合强度及茎秆中可溶性糖含量，同时促进同化物的转化与运输；硅可以在水稻细胞中积累，形成细胞壁角质-硅双层结构，使水稻叶片挺立、叶片与茎秆夹角减小、植株紧凑，从而改善水稻群体冠层结构；此外，硅还可以通过调节植物体内的盐离子吸收，增加渗透调节物质的积累，提高抗氧化酶活性，来缓解生物逆境与非生物逆境胁迫对水稻造成的伤害。通过验证硅元素对水稻抗倒伏能力的影响实验，可以明确稻田施用硅肥的意义。

二、实验原理

水稻在生长过程中从土壤中吸收可溶性的硅元素，输送到水稻植株的上部，所以水稻叶片坚挺，同时叶缘有突起的刺状物。水稻茎秆中含有的硅，使得水稻茎秆木质部导管细胞壁沉积很多硅，增加细胞壁强度和抗压拉力。通过在土壤中施用可溶性硅肥，在盆钵中种植水稻，可以提高水稻秸秆和叶片硬度，抗倒伏，抗病虫害。利用植物茎秆强度测定仪可以测定不同施硅处理的水稻茎秆抗压强度。

三、实验材料

常规水稻品种、塑料水桶(直径40 cm，高40 cm)、46%尿素、复合肥(15-15-15)、氯化钾、喷水壶、YYD-1型植物茎秆强度测定仪。

四、实验设计及栽培管理

实验设置3个设计：S_1 为森夫硅肥($SiO_2 \geq 35.0\%$，$B \geq 0.7\%$，施用量为15 kg/hm^2，配施15%多效唑可湿性粉剂0.45 kg/hm^2)；S_2 为蔡德龙ETDA硅肥(有效养分含量：$K_2O \geq 6.0\%$，$CaO \geq 23.0\%$，$MgO \geq 9.0\%$，$SiO_2 \geq 22.0\%$，施用量为15 kg/hm^2)；S_0 为不施硅肥，实验中的硅肥可以根据当地市场情况选择。基肥(移栽前施入)及分蘖肥(移栽后9 d施入)分别施用(15-15-15)复合肥320 kg/hm^2，幼穗分化期(稻株幼穗达0.5 cm)追施尿素52 kg/hm^{2}和氯化钾60 kg/hm^2。水分管理及病虫害防治按照当地常规方法进行。试验采取随机排列方式，各重复处理3次，共用9个水桶。每个水桶插5穴秧，放置在室内培养，保持水层5～8 cm。水稻乳熟期开始干湿交替，收获前15 d不再灌水，其他田间管理措施相同。

五、测定项目和方法

1. 农艺性状

水稻齐穗后30 d每个水桶选取生长一致的3根单茎，测量株高；采集叶片测定硅、氮磷钾含量。

2. 植株抗推力

每个水桶选择3穴稻株，距离地面20 cm处捆绑，利用YYD-1型植物茎秆强度测定仪于捆扎处施加外力至植株倾斜45°，此时仪器显示的数值即为植株抗推力，即水稻秸秆的抗倒伏力。

六、注意事项

本实验中的硅肥一定要是水溶性或者弱酸溶性的，一定要作为基肥施用于土壤中。选择的实验土壤不能是施用过硅肥的土壤。

七、思考题

(1)硅元素对水稻生长有什么作用？硅是水稻的必需营养元素吗？

(2)在水稻生产中硅肥有哪些形态和施用方式？

(3)硅对其他植物有效吗？

(4)自然界及土壤中硅的重要来源是什么？

实验四　植物养分的逆境胁迫——植物的单盐毒害作用

一、实验目的

盐土由于含有很多的可溶性盐分，产生很高的渗透压，导致植物根系细胞渗透压低于土壤渗透压，植物根系不能从土壤中吸收水分和养分，影响植物的生长，严重时会造成植物死亡。通过本实验，可以验证土壤单一盐分对植物生长的影响，从而弄清盐土难以种植作物的原因，为改良盐土提供依据。通过本实验，可以了解盐土中盐分对植物的毒害作用，确定单盐毒害阈值。

二、实验原理

任何植物如果培养在单一种盐溶液中，不久即呈现不正常状态，最后导致死亡。这种单盐毒害现象，即使在浓度很低，而且是植物所必需元素的单盐溶液中也会发生。尤其是阳离子的毒害更为严重，因为阳离子对原生质的理化特性及生理机能有巨大的影响，如 K^+ 能使原生质黏度变小，而 Ca^{2+} 能使原生质黏度变大。如果在这种单盐溶液中加入微量的其他盐（阳离子），便可减轻或消除单盐毒害。离子价数越高，其消除单盐毒害作用所需的浓度越低，这种现象称为离子间的对抗作用（拮抗作用）。

三、实验材料

（1）实验植株：水稻幼苗、玉米幼苗。

（2）实验试剂：NaCl 溶液、$CaCl_2$ 溶液。

（3）仪器、耗材：250 mL 玻璃烧杯、200 mL 量筒、石蜡、未脱脂棉花。

四、实验步骤

取 8 个 250 mL 玻璃烧杯，用石蜡涂在内壁表面，贴上 1、2、3、4、5、6、7、8 标签，分别做如下处理：

（1）烧杯内加入 200 mL 0.03 mol/L NaCl 溶液；

（2）烧杯内加入 200 mL 0.04 mol/L NaCl 溶液；

（3）烧杯内加入 200 mL 0.05 mol/L NaCl 溶液；

（4）烧杯内加入 200 mL 0.06 mol/L NaCl 溶液；

（5）烧杯内加入 200 mL 0.07 mol/L NaCl 溶液；

（6）烧杯内加入 200 mL 0.08 mol/L NaCl 溶液；

(7)烧杯内加入 200 mL 0.05 mol/L $CaCl_2$ 溶液；

(8)烧杯内加入 100 mL 0.05 mol/L NaCl 溶液及 100 mL 0.05 mol/L $CaCl_2$ 溶液。

选择 40 株大小一致的玉米、水稻幼苗，每个烧杯插入 5 株，使根部完全浸在溶液中，茎部用棉花包住，以免擦伤。把各烧杯放在阳光不太强的地方，每天摇动烧杯 10 min 通气一次，并补充蒸馏水，使烧杯内溶液保持原来的容量。经 1～2 周后，观察记录茎、叶、根生长情况，并简要解释其原因。同时采集植株，称量鲜重，分离水稻及玉米根、茎、叶，洗净，烘干，采用浓硫酸-双氧水消煮-蒸馏定氮法测定全氮，采用浓硫酸-过氧化氢消煮-钼蓝比色法测定全磷，采用浓硫酸-过氧化氢消煮-火焰光度计法测定全钾。

五、结果计算及毒害模型建立

记录的水稻玉米根茎叶生长情况，可以直接进行比较。根茎叶的全氮、全磷、全钾经过各自方法换算出最后结果。

根据不同盐分浓度与对应水稻玉米植株鲜重的关系，求出单盐毒害模型。根据毒害模型，求出植物鲜重减少 50%对应的盐浓度，为单盐毒害阈值 TC_{50}。

根据不同盐分浓度与对应水稻玉米叶片全氮、全磷、全钾数量建立单盐毒害影响植物对应养分吸收模型。

六、注意事项

本实验中的可溶性盐浓度不能太高，否则水稻和玉米幼苗插入溶液后会很快死亡，看不到逐渐萎蔫死亡的过程。

七、思考题

(1)为何钾离子能使细胞原生质黏度变小，而钙离子能使细胞原生质黏度变大？

(2)如何利用离子拮抗现象改良盐土？

(3)如果土壤中含有很多钠离子，除了引起土壤渗透压高于植物细胞外，还有什么不利影响？

(4)为何有些植物能够在盐土中生长？是什么机理？

(5)土壤盐分离子是怎样影响植物养分吸收和运输的？

实验五　植物养分的逆境胁迫——土壤酸性对植物养分吸收的影响

一、实验目的

土壤偏酸性或偏碱性，都会不同程度地降低土壤养分的有效性，难以形成良好的土壤结构，严重抑制土壤微生物的活动，同时也可能造成重金属中毒，从而影响各种作物生长发育。当土壤溶液酸性高时，虽然各种金属离子的溶解度增大，有利于根系吸收，但却易被雨水淋失，所以酸性土壤中往往缺乏钾、钙、镁、磷等元素。另一方面，溶液的酸碱度能影响细胞膜电荷性质，改变质膜对矿质元素的透性。

适合不同农作物生长的高产土壤，一般要求呈中性、微酸性或微碱性反应，pH 值多在 6～8。因为在酸性土壤中，可溶性磷易与铁、铝化合，形成磷酸铁、磷酸铝而降低有效性。土壤中的交换性钾、钙、镁等易被氢离子置换出来，一旦遇到雨水，就会流失掉。酸性土壤也往往缺硫和钼。

对酸性土壤应增施石灰，以中和土壤酸度，消除铝的毒害，提高养分的有效性。同时注意增施有机肥料，通过有机肥料的缓冲作用，减轻酸性对土壤和作物的影响。化学肥料宜选用氨水、碳酸氢铵、钙镁磷肥等碱性肥料。

二、实验原理

土壤酸度分为显性酸、潜性酸、交换性酸。土壤中的酸性来源于长期单一施用生理酸性肥、酸雨、植物根系分泌小分子有机酸、土壤盐基离子流失、土壤有机质水解、土壤铁铝离子水解等。本实验采用在土壤中添加不同稀盐酸形成不同的土壤酸度来种植作物，考察土壤酸性对作物生长的影响以及对植物养分吸收和利用的影响。

三、实验材料

5%盐酸、5%氢氧化钠、复合肥(15-15-15)、小青菜、大白菜、塑料盆钵(直径 20 cm，高 15 cm)、pH 计、pH 试纸(4～7)、喷水壶、菜园土。

四、实验设计及栽培

采集学校周边菜园土，利用 5%稀盐酸调节菜园土 pH 值，设 4 个 pH 值梯度，分别为 4.0、5.0、6.0 和 7.0。每个处理设置 3 次重复，每盆移栽小青菜 5 株、大白菜 5 株。移栽前，每盆装 5 kg 土，用 5%盐酸调节好土壤 pH 值，然后每盆施用 5 g 复合肥，用 500 mL 蒸馏水将复合肥溶解后灌入土壤中，然后移栽 2 叶 1 芯的蔬菜苗，随机排列，其他管理措施相同。放置在室内培养，白天光照 12 h。经常观察记录蔬菜生长情况。30 d 后每盆各采集 3 株小青菜、3 株大白菜，洗净根系泥土，吸干水分，称重。经常观察记录异常现象。

五、样品采集和测定

移栽 30 d 后，采集小青菜和大白菜样品，鲜重称重，烘干、再称重。烘干样品磨碎过 0.5 mm 筛备用。

蔬菜全量氮磷钾采用 H_2SO_4-H_2O_2 法消煮制备待测液，凯氏定氮法测全氮，钼锑抗比色法测全磷，火焰光度法测全钾。

土壤 pH 值：用 pH 计法（水土比为 2.5∶1）测定。

CEC：用乙酸铵交换法测定。

土壤交换性钾钠钙镁：用 1 mol/L 醋酸铵浸提，ICP-MS 法测定。

土壤交换酸总量、交换性氢、交换性铝：用 1 mol/L KCl 交换，中和滴定法测定。

六、结果计算与酸害阈值(酸害)模型

$$蔬菜养分吸收量(kg/hm^2)=蔬菜产量(kg/hm^2)\times 蔬菜养分含量(\%)$$

土壤 pH 值阈值：以小青菜和大白菜产量对土壤 pH 值的响应为基础，采用线性模拟的方法，确定小青菜和大白菜的酸害阈值和适宜值。将作物最高产时的 pH 值作为适宜值，作物最高产量下降一半（50%）时的 pH 值为酸害阈值 TC_{50}。

土壤酸性与植物养分关系模型建立：利用 4 个 pH 值梯度对应的蔬菜产量对应关系，建立蔬菜产量-pH 值关系模型。

同时利用不同 pH 值与植物不同氮素、磷素、钾素值建立土壤 pH 值-植物养分吸收关系模型。

七、注意事项

土壤酸度不能调整得太酸，因为除了喜酸植物外大多植物喜欢中性 pH 值，如果太酸，小青菜和大白菜就没法生长，没法观察到土壤酸性对蔬菜生长影响的动态过程，也无法计算小青菜和大白菜的土壤酸害阈值。

八、思考题

(1)土壤酸性对植物生长有哪些具体的影响？它是怎么影响养分吸收的？

(2)为何有些植物能够生长在酸性土壤上，比如茶树和杜鹃？

(3)从生产上改良酸性土壤有哪些方法？

(4)从土壤环境与健康角度分析酸性土壤对作物品质的影响。

实验六　植物养分的逆境胁迫——土壤碱性对植物养分吸收的影响

一、实验目的

在碱性土壤中，尤其是石灰性土壤，可溶性磷易与钙结合，生成难溶性磷钙盐类，降低磷的有效性。在石灰性土壤中，许多微量元素如硼、锰、钼、锌、铁的有效性会大大降低，致作物营养元素不足，并引发生各种生理性病害。我国有近 15 亿亩[①]盐碱土，有较大的开发利用潜力。通过本实验，可以明确碱性土壤对植物生长的影响和危害，为盐碱土植物生长及盐碱土开发利用提供指导。

二、实验原理

土壤碱性伴随着盐分产生。土壤中地下水矿化度高，含有很高的可溶性钠盐，如碳酸钠、碳酸氢钠，使得地下水呈现碱性。当溶解了大量碳酸钠、碳酸氢钠的地下水沿着不同毛细管向上运动到土壤表面时，水分蒸发离开土壤，但是溶解在水中的碳酸钠和碳酸氢钠不能蒸发，逐渐积累在土壤中，土壤中含有大量的碳酸钠和碳酸氢钠，导致土壤渗透压高于植物根细胞渗透压，植物根系不能从土壤中吸水，造成植物生理性干旱，发生细胞质壁分离，直至死亡。同时，土壤中大量钠离子在植物体内引起细胞膜崩解，而且造成土壤板结等理化性状退化。本实验采用在土壤中添加不同稀碳酸钠溶液形成不同的土壤碱度来种植作物，考察土壤碱性对作物生长的影响以及对植物养分吸收和利用的影响。

三、实验材料

5%盐酸、10%碳酸钠、复合肥(15-15-15)、小青菜、大白菜、塑料盆钵(直径 20 cm，高 15 cm)、pH 计、pH 试纸(范围 7～10)、喷水壶、菜园土。

四、实验设计及栽培

采集学校周边菜园土，利用 10%碳酸钠溶液调节菜园土 pH 值，设 4 个 pH 值梯度，分别为 7.0、8.0、9.0 和 10.0。每个处理设置 3 次重复，每盆移栽小青菜 5 株、大白菜 5 株。移栽前，每盆装 5 kg 土，用 10%碳酸氢钠溶液调节好土壤 pH 值，然后每盆施用 5 g 复合肥，用 500 mL 蒸馏水将复合肥溶解后灌入土壤中，然后移栽 2 叶 1 芯的蔬菜苗，随机排列，其他管

① 1 亩≈666.67 m^2。

理措施相同。放置在室内培养，白天光照 12 h。经常观察记录蔬菜生长情况。30 d 后每盆各采集 3 株小青菜、3 株大白菜，洗净根系泥土，吸干水分，称重。经常观察记录异常现象。

五、样品采集和测定

移栽 30 d 后，采集小青菜和大白菜样品，鲜重称重，烘干、再称重。烘干样品磨碎过 0.5 mm 筛备用。

蔬菜全量氮磷钾采用 H_2SO_4-H_2O_2 法消煮制备待测液，用凯氏定氮法测全氮，用钼锑抗比色法测全磷，用火焰光度法测全钾。

土壤 pH 值：用 pH 计法（水土比为 2.5∶1）测定。

CEC：用乙酸铵交换法测定；

土壤交换性钾钠钙镁：用 1 mol/L 醋酸铵浸提，ICP-MS 法测定。

六、结果计算（碱害阈值和碱害模型）

$$蔬菜养分吸收量(kg/hm^2)=蔬菜产量(kg/hm^2)\times 蔬菜养分含量(\%)$$

土壤 pH 值阈值：以小青菜和大白菜产量对土壤 pH 值的响应为基础，采用线性模拟的方法，确定小青菜和大白菜的碱害阈值和适宜值。确定作物最高产时的 pH 值为适宜值，作物最高产量下降一半（50%）时的 pH 值为碱害阈值 TC_{50}。

土壤碱性与植物养分关系模型建立：利用 4 个 pH 值梯度对应的蔬菜产量对应关系，建立蔬菜产量-pH 值关系模型。

同时利用不同 pH 值与植物不同氮素、磷素、钾素值建立土壤 pH 值-植物养分吸收关系模型。

七、注意事项

土壤碱度不能调整得太碱，因为除了耐碱植物外大多植物喜欢中性 pH 值，如果太碱，小青菜和大白菜就没法生长，没法观察到土壤碱性对蔬菜生长影响的动态过程，也无法计算小青菜和大白菜的土壤碱害阈值。

八、思考题

（1）自然界中为什么有作物能够生长在碱土上？主要有哪些机理？

（2）与碱性条件下蔬菜对养分的吸收根对照相比，有什么变化？为什么？

（3）目前生产上改良盐碱土的方法有哪些？

（4）土壤碱性对植物吸收养分有什么影响？

实验七　植物养分的逆境胁迫——土壤重金属对植物养分吸收的影响

一、实验目的

随着现代工农业的快速发展，土壤重金属污染日益严峻，对土壤和水体环境安全产生严重影响，进而严重影响作物的产量和品质，并通过食物链对人体健康产生危害。关于重金属污染的修复治理，有学者提出，利用植物修复降低土壤中的重金属质量分数。植物修复是利用植物能忍耐或超积累某种或某些重金属的特性来修复重金属污染土壤的技术总称。植物修复工程技术具有良好的生态、经济和社会效益，成为最具发展潜力的重金属污染土壤和水体环境修复治理措施。但是当前掌握的具有这种超积累特性的植物种质极其缺乏，且品种单一，已成为植物修复工程应用上的一大瓶颈，从而导致植物修复技术发展滞缓。为考察重金属对植物养分吸收的影响和对植物生长的影响，开展本实验。

二、实验原理

土壤重金属随着工业污水灌溉和大气沉降进入土壤，成土母质高背景导致农田土壤自然背景值高。酸雨、酸性废水进入土壤后，土壤重金属溶解性增强，生物可利用性增加，植物吸收增加，对植物生长影响增加，通过食物链对人体健康威胁增加。通过在土壤中添加一定量的可溶性重金属栽培植物，定期观察和采样，可以分析土壤重金属对植物生长的影响，以及对植物养分吸收和利用的影响。

三、实验材料

采用番茄作为实验材料。试验用土按照容重比例为不含重金属的园土：泥炭＝2：1。风干后过 2 mm 筛制成基质混合土。

$CdCl_2$、$K_2Cr_2O_7$、$Pb(NO_3)_2$、$CuSO_4$、复合肥(11-6-8)、Na_2-EDTA、纯水、塑料桶(直径 35 cm，高 40 cm)、烘箱、马弗炉、ICP-OES、消煮炉、浓硝酸、纯净水。

四、实验设计和实验步骤

盆栽试验于温室进行。将过筛后的基质混合土装入塑料桶中，5 kg/盆，每盆施基肥(5 g 复混肥)，试验期不再另外追肥。选健康、长势一致的 3 叶 1 芯番茄苗栽入桶内，每桶栽 4 株。培养 12 d 和 17 d 后进行 2 次重金属处理，每次每盆加 500 mL 处理液，共处理 5 次：对照(自来水)、500 μmol/L 镉($CdCl_2$)、500 μmol/L 铬($K_2Cr_2O_7$)、500 μmol/L 铅

($Pb(NO_3)_2$)和 1000 μmol/L 铜($CuSO_4$),分别记作 CK、Cd^{2+}、Cr^{6+}、Pb^{2+} 和 Cu^{2+}。每次浇灌重金属溶液后,同时浇灌 500 mL 纯水,使得重金属离子能最大限度地与土壤混合;每 3～4 d 浇灌 500 mL 纯水 1 次,重复 3 次。塑料桶放入温室内培养,白天温度 28 ℃,夜晚 18 ℃,白天光照 14 h,其他管理措施相同。第一次处理后 20 d 取样,取样前 5 d 停止浇水。

五、样品测定与方法

将植株根系置于 20 mmol/L 乙二胺四乙酸二钠(Na_2-EDTA)中浸泡 3 h,除去表面黏附的重金属离子,然后以去蒸馏水冲洗干净,分地上部、地下部取样,105 ℃ 杀青 3 h,然后 80 ℃烘干至恒重,粉碎,备用。

称取上述干样约 1 g,放入 30 mL 坩埚中,在马弗炉或消解炉内 550 ℃灰化 12 h,加 HNO_3(30%)和去离子水各 5 mL,充分混匀后过滤。用原子吸收光谱仪或者 ICP-OES 仪测定地上部和根中 Cd^{2+}、Cr^{6+}、Pb^{2+}、Cu^{2+} 质量分数,并分别计算番茄根、茎、叶中这 4 种重金属含量最终结果。

同时称取一份番茄植株样(根、茎、叶分开),烘干,称重,以 H_2SO_4-H_2O_2 进行氮磷钾联合消煮。番茄全氮提取液用全自动定氮仪进行含量测定。番茄全磷采用钼锑抗比色法测定。番茄全钾采用火焰光度法测定。根据各自的情况分别计算番茄根、茎、叶中全氮、全磷、全钾最终结果。

六、结果计算及毒害模型

测定结果根据各自方式独立计算。

根据不同重金属浓度与植物产量的关系建立土壤重金属-植物伤害模型。利用不同重金属浓度与对应的植物产量关系建立关系式,设定植物产量损失 50%时的重金属浓度为该重金属的毒害阈值 TC_{50}。

根据各种重金属浓度与对应植物体内全氮、全磷、全钾关系,建立重金属影响植物养分吸收模型。

七、注意事项

重金属对植物生长影响很大,配制土壤重金属溶液浓度不能过高,否则容易造成番茄苗死亡,无法观察整个重金属吸收、转移、累积的全过程,看不到对番茄吸收养分的影响过程。收获时要把番茄的根、茎、叶分开采收、烘干、制样、测定,考察土壤重金属在番茄体内的梯度分布。做完重金属毒害实验后的废弃材料不能随便处置,要交给有资质的危险品公司处置,否则容易造成环境污染。

八、思考题

(1)土壤 pH 值对土壤重金属活性和生物有效性有什么影响?

(2)土壤重金属对植物生长和体内重金属积累分布有什么影响？为什么2017年国家开展全国土壤重金属污染调查和安全利用？

(3)土壤重金属如何影响植物对养分的吸收？

(4)举例说明土壤重金属通过食物链营养人体健康的世界著名实例(至少列举3种主要重金属)。

实验八　大气二氧化硫污染条件下植物外观变化观察及对养分吸收的影响

一、实验目的

根据相关统计，大气污染最主要的污染物之一是二氧化硫。二氧化硫污染物使得空气质量下降、空气中可悬浮颗粒增多，直接损害人体的呼吸系统，加剧冬季天气的雾-霾现象；除了给人体健康带来损害之外，二氧化硫污染更是直接给植物的正常生长带来了不利影响，二氧化硫可直接附着在植物的叶片表层，损害叶片的气体交换功能，导致其光合作用明显降低，进而导致植物生长所需的能量大大降低，影响植物的正常生长，甚至会导致其逐渐枯萎死亡。为了考察二氧化硫污染对植物生长和养分吸收的影响，开展本项实验。

二、实验原理

大气中适量的二氧化硫可以为植物提供硫素养分，但是大气污染中的二氧化硫浓度较高，超过了作为养分提供的量。通过设立不同空气浓度的二氧化硫，让植物接触一定时间，检测植物叶片中氮磷钾及硫的含量和叶片表观形态，考察二氧化硫对植物生长的影响以及对植物吸收养分的影响。

三、实验材料

小青菜、番茄、青蒜、小麦、玉米。

育苗盘、塑料盆钵(直径 20 cm，高 15 cm)、二氧化硫气瓶、亚硫酸钠、气室、光照培养箱、烧杯、天平、消煮管、30%双氧水、98%浓硫酸、复合肥(15-15-15)、消煮炉、烘箱、剪刀、微型粉碎机、Licor-6400 光合作用仪、721 紫外可见分光光度计。

四、实验方法

1. 育苗

分别用 30%双氧水浸泡作物种子 10 min，用清水洗净残留过氧化氢，30 ℃下浸泡自来水 24 h。取出种子，播入塑料育苗盘。育苗盘土或基质事先灭菌(每盆装 4 kg 土)，浇水，待长出 2 叶 1 芯后移栽到塑料盆钵的土壤中。每盆施用 5 g 复合肥，先溶解于 800 mL 纯水中，然后均匀浇灌盆土。每盆移栽 10 株幼苗，重复 3 次，正常管理，等到长出 5 片真叶后进行下面的实验。

2. 二氧化硫准备

到当地特种工业气体公司购买二氧化硫气体。也可自制二氧化硫气体：在反应容器内事先加入亚硫酸钠，然后通过加样漏斗加入足量的浓硫酸，利用排空气法收集二氧化硫，同时用二氧化硫仪测定二氧化硫含量。

3. 实验步骤

将二氧化硫浓度设为 0.2、0.4、0.6、0.8、1.2、1.5、2.0 mg/m^3，对选取的 5 种植物进行 5 d 的二氧化硫处理。为提升植物的适应性，在进行处理前 1 d 将植物放入气室，对照在相同条件无污染物的环境中进行（正常生长），培养实验从 08:00 开始，直至第 6 天的 08:00 结束，同时记录实验初始和结束后的植物生长情况，尤其是叶片卷曲与否、黄化失绿与否、叶尖叶脉变化等。二氧化硫处理完毕之后，收集各种植物的叶片，测定叶片全氮、全磷、全钾、全硫含量；同时测定叶片光合作用参数，包括超氧化物歧化酶、过氧化物酶、过氧化氢酶、多酚氧化酶、丙二醛含量和可溶性蛋白。

五、测定方法及指标

首先利用光合作用仪测定叶片光合作用参数（净光合速率、气孔导度、胞间二氧化碳浓度、蒸腾速率）。然后将叶片洗净，烘箱温度达到 65 ℃烘干后进行粉碎处理，并用 1.5 mm 筛进行叶脉去除，最后进行研磨混合处理。可溶性蛋白利用考马斯亮蓝染色法予以测定；丙二醛（Malondialde Hyde，简称 MDA）含量的测定采取硫代巴比妥酸法；超氧化物歧化酶（Superoxide Dismutase，简称 SOD）活性的测定采用氮蓝四唑（Nitroblue Tetrazolium，NBT）光化还原法进行；过氧化物酶（Peroxidase，简称 POD）活性的测定采用愈创木酚法进行；多酚氧化酶（Polyphenonic Oxidase，简称 PPO）采用邻苯二酚测定法。这几种酶的活性也可以采用相应的酶试剂盒测定。叶片全氮采用 H_2SO_4-H_2O_2 消煮-蒸馏定氮法测定，全磷采用 H_2SO_4-H_2O_2 消煮-钼蓝比色法法测定，全钾采用 H_2SO_4-H_2O_2 消煮-火焰光度计法测定，全硫采用燃烧-硫酸钡沉淀比色法测定。

六、结果计算及毒害模型

参数由各种方法换算出最后的结果。根据 8 个二氧化硫气室浓度（含对照）计算出各种植物的最后伤害程度，求出二氧化硫与植物毒害程度关系式，根据关系式推算最高产量减产 50%的二氧化硫浓度，即二氧化硫对该植物的毒害阈值 TC50。

同时根据 8 个二氧化硫浓度及对应的植物叶片中的全氮、全磷、全钾含量，得出一个关系式，求出大气二氧化硫影响植物吸收相关养分的模型。

七、注意事项

实验过程中注意气室的密封性，防止二氧化硫漏出，污染环境；实验过程中要每天观察几次植物叶片反应，发现严重发黄、枯死的要停止实验；指导教师最好在实验前进行预备实验，确保实验过程中没有死亡植株。各个学校可以根据自己的情况选择实验植物和二氧化硫浓度。

八、思考题

(1)硫是植物的必需营养元素，具体有哪些功能？

(2)自然界中哪些植物需硫量和含硫量较高？

(3)大气二氧化硫污染对植物养分吸收有何影响？

实验九　大气二氧化氮污染条件下植物外观变化观察及对养分吸收的影响

一、实验目的

近年来，我国多个城市频繁发生酸雨、雾-霾和光化学烟雾等区域性大气污染事件，大气中可吸入颗粒物（$PM_{2.5}$、PM_{10}）、氮氧化物（NO_x）浓度居高不下，已给公众健康、生态环境和社会经济造成巨大威胁与损害，引发公众广泛而持续的关注。绿化植物的空气净化功能，特别是对 NO_x（主要是 NO_2）的沉积能力、抗性水平、响应机制等的研究却很少。实际上，绿化植物对 NO_2 的抗性和吸收能力存在较大差异，且具有浓度依赖性和物种特异性。植物对 NO_2 吸收差异的原因较为复杂，既与植物种属性质、叶片结构，以及植物自身的生理状态、发育阶段、遗传基础密切相关，还受各种环境因子（如光、温度、湿度等）的影响。本实验通过人工模拟大气二氧化氮对植物生长及养分吸收的影响，考察二氧化氮的环境毒害效益。

二、实验原理

植物叶片通过气孔能吸收空气中的二氧化氮。微量的二氧化氮可以被植物吸收作为氮肥利用，但是超过一定浓度和时间，二氧化氮会伤害植物。通过人工气室设置不同浓度二氧化氮，将植物放置在二氧化氮气室中，接触一段时间后撤离气室，观察植物叶片颜色、卷曲程度，测定植物叶片光合作用，测定植物全氮全磷全钾，求出不同植物二氧化氮毒害阈值和对养分吸收影响的模型。

三、实验材料

植物：小青菜、番茄、青蒜、小麦、玉米。

材料：育苗盘、塑料盆钵（直径 20 cm，高 15 cm）、二氧化氮气瓶、气室、光照培养箱、烧杯、天平、消煮管、30%双氧水、98%浓硫酸、复合肥（15-15-15）、消煮炉、烘箱、剪刀、微型粉碎机、Licor-6400 光合作用仪、721 紫外可见分光光度计。

四、实验方法

1. 育苗

分别用 30%双氧水浸泡作物种子 10 min，用清水洗净其残留过氧化氢，30 ℃下浸泡自来水 24 h。取出种子播入塑料育苗盘。育苗盘土或基质事先灭菌（每盆装 4 kg 土），浇水，待长出 2 叶 1 芯后移栽到塑料盆钵的土壤中。每盆施用 5 g 复合肥，先将肥溶解于 800 mL

纯水中，然后均匀浇灌盆土。每盆移栽10株幼苗，重复3次，正常管理，待成活后，长出5片真叶进行下面的实验。

2. 二氧化氮准备

到当地特种工业气体公司购买二氧化氮气体，用二氧化氮仪测定二氧化氮含量。

3. 实验步骤

NO_2 熏蒸处理：熏蒸设备由（自制）气体熏蒸箱（透明玻璃，总尺寸为75 cm×75 cm×75 cm，箱内可设玻璃格挡，分割成不同的试验尺寸。本实验的有效尺寸为60 cm×40 cm×75 cm）、NO_2 钢瓶（作为供气气源）、气体减压器、气体流量计、连接管等部件组成，气体熏蒸设备各部件的连接顺序、气体流向和控制方法等可根据实际需要微调，箱体下部设有均匀分布的多孔板（孔径1 cm，间距3～4 cm），使熏蒸气体从底部均匀向上扩散。

实验设置的 NO_2 浓度为0、0.2、0.4、0.6、0.8、1.0、1.5、2.0、4.0 μL/L，对选取的5种植物进行2 d的二氧化氮处理。为提升植物的适应性，在进行处理前1 d将植物放入气室，对照在相同条件无污染物的环境中进行（正常生长），培养实验从08:00开始，直至第3天的08:00结束，同时记录实验初始和结束后的植物生长情况，尤其是叶片卷曲与否、黄化失绿与否、叶尖叶脉变化等。二氧化氮处理完毕之后，收集各种植物的叶片，测定叶片全氮、全磷、全钾含量；同时测定叶片光合作用参数，包括超氧化物歧化酶、过氧化物酶、过氧化氢酶、多酚氧化酶、丙二醛含量和可溶性蛋白。

五、测定方法及指标

与本章实验八相同。

六、结果计算及毒害模型

参数由各种方法换算出最后的结果。根据9个二氧化氮气室浓度（含对照）计算出各种植物的最后毒害程度，求出二氧化氮与植物毒害程度关系式，根据关系式推算产量减产50%的二氧化氮浓度，即二氧化氮对该植物的毒害阈值 TC_{50}。

同时根据9个二氧化氮浓度及对应的植物叶片中的全氮、全磷、全钾含量，得出一个关系式，求出大气二氧化氮影响植物吸收相关养分的模型。

七、注意事项

实验过程中注意气室的密封性，防止二氧化氮漏出，污染环境；实验过程中要每天观察几次植物叶片反应，发现严重发黄、枯死的要停止实验；指导老师最好在实验前进行预备实验，确保实验过程中没有死亡植株。各个学校可以根据自己的情况选择实验植物和二氧化氮浓度。在实验场所要悬挂或者张贴醒目的有毒警示牌。

八、思考题

(1)大气中二氧化氮的主要来源有哪些?

(2)如果实验室中有少量二氧化氮溢出到空气中,怎样简便快速消除?

(3)大气二氧化氮污染对植物养分吸收有何影响?

实验十　大气挥发性有机污染物对植物外观变化影响及对养分吸收的影响

一、实验目的

挥发性有机化合物(Volatile Organic Compounds，简写 VOCs)的定义有好几种。美国 ASTM D 3960—98 标准将其定义为任何能参加大气光化学反应的有机化合物。美国环境保护署(EPA)这样定义：挥发性有机化合物是除 CO、CO_2、H_2CO_3、金属碳化物、金属碳酸盐和碳酸铵外，任何参加大气光化学反应的碳化合物，包括非甲烷烃类(烷烃、烯烃、炔烃、芳香烃等)、含氧有机物(醛、酮、醇、醚等)、含氯有机物、含氮有机物、含硫有机物等，是形成臭氧(O_3)和细颗粒物($PM_{2.5}$)污染的重要前体物。

世界卫生组织的定义：VOCs 是在常温下，沸点 50 ℃至 260 ℃的各种有机化合物。在我国，VOCs 是指常温下饱和蒸汽压大于 70 Pa、常压下沸点在 260 ℃以下的有机化合物，或在 20 ℃条件下，蒸汽压大于或者等于 10 Pa 且具有挥发性的全部有机化合物，通常分为非甲烷碳氢化合物(简称 NMHCs)、含氧有机化合物、卤代烃、含氮有机化合物、含硫有机化合物等几大类。VOCs 参与大气环境中臭氧和二次气溶胶的形成，对区域性大气臭氧污染、$PM_{2.5}$ 污染具有重要的影响。大多数 VOCs 具有令人不适的特殊气味，并具有毒性、刺激性、致畸性和致癌作用，特别是苯、甲苯及甲醛等对人体健康会造成很大的伤害。VOCs 是导致城市灰霾和光化学烟雾的重要前体物，主要来源于煤化工、石油化工、燃料涂料制造、溶剂制造与使用等过程。

目前，我国 VOCs 的环境质量标准暂未颁布，VOCs 的排放标准暂时没有国家标准，但各重点监测区域相继颁布了地方排放标准或行业标准。国标对于 VOCs 的检测，使用的是《环境空气 挥发性有机物的测定 罐采样/气相色谱-质谱法》(HJ 759—2015)中的方法。该方法可对直链烃、环烷烃、芳香烃、含氧化合物、苯系物、卤代烃等大多数挥发性有机物检测分析，检测组分多达 67 种，是目前 VOCs 检测组分最齐全的方法。同时，该方法与美国环境保护署的 TO-14/15 标准较为一致，基本上包含了 TO-14/15 的重点监测组分，是我国各级环境监测站开展挥发性有机物监测的重要指导文件。

本实验采用甲醛进行空气有机污染对植物养分吸收影响验证实验。

二、实验原理

植物叶片通过气孔能吸收空气中的甲醛。植物吸收微量的甲醛可以短时间忍耐，但是超过一定浓度和时间，甲醛会伤害植物。通过人工气室设置不同浓度甲醛，将植物放置在甲醛气室中，接触一段时间后撤离气室，观察植物叶片颜色、卷曲程度，测定植物叶片光合作用，测定植物全氮全磷全钾，求出不同植物甲醛毒害阈值和对养分吸收影响的模型。

三、实验材料

植物：小青菜、番茄、青蒜、小麦、玉米。

材料：育苗盘、塑料盆钵（直径 20 cm，高 15 cm）、甲醛气瓶、气室、光照培养箱、烧杯、天平、消煮管、30%双氧水、98%浓硫酸、复合肥（15-15-15）、消煮炉、烘箱、剪刀、微型粉碎机、Licor-6400 光合作用仪、721 紫外可见分光光度计。

四、实验方法

1. 育苗

分别用 30%双氧水浸泡作物种子 10 min，用清水洗净其残留过氧化氢，30 ℃下浸泡自来水 24 h。取出种子播入塑料育苗盘，育苗盘土或基质事先灭菌（每盆装 4 kg 土），浇水，待长出 2 叶 1 芯后移栽到塑料盆钵的土壤中。每盆施用 5 g 复合肥，先将肥料溶解于 800 mL 纯水中，然后均匀浇灌盆土。每盆移栽 10 株幼苗，重复 3 次，正常管理，待成活后，长出 5 片真叶进行下面的实验。

2. 甲醛准备

到当地特种工业气体公司购买甲醛气体，用甲醛测定仪测定甲醛含量。

3. 实验步骤

甲醛熏蒸处理：熏蒸设备由（自制）气体熏蒸箱（透明玻璃，总尺寸为 75 cm×75 cm×75 cm，箱内可设玻璃格挡，分割成不同的试验尺寸。本实验的有效尺寸为 60 cm×40 cm×75 cm）、甲醛钢瓶（作为供气气源）、气体减压器、气体流量计、连接管等部件组成，气体熏蒸设备各部件的连接顺序、气体流向和控制方法等可根据实际需要微调，箱体下部设有均匀分布的多孔板（孔径 1 cm，间距 3～4 cm），使熏蒸气体从底部均匀向上扩散。

实验设置的甲醛浓度为 0、0.2、0.4、0.6、0.8、1.0、1.5、2.0、4.0 μL/L，对选取的 5 种植物进行 2 d 的甲醛处理。为提升植物的适应性，在进行处理前 1 d 将植物放入气室，对照在相同条件无污染物的环境中进行（正常生长），培养实验从 08:00 开始，直至第 3 天的 08:00 结束，同时记录实验初始和结束后的植物生长情况，尤其是叶片卷曲与否、黄化失绿与否、叶尖叶脉变化等。甲醛处理完毕之后，收集各种植物的叶片，测定叶片全氮、全磷、全钾含量；同时测定叶片光合作用参数，包括超氧化物歧化酶、过氧化物酶、过氧化氢酶、多酚氧化酶、丙二醛含量和可溶性蛋白。

五、测定方法及指标

与本章实验八相同。

六、结果计算及毒害模型

参数由各种方法换算出最后的结果。根据9个甲醛气室浓度(含对照)计算出各种植物的最后毒害程度,求出甲醛与植物毒害程度关系式,根据关系式推算产量减产50%的甲醛浓度,即甲醛对该植物的毒害阈值TC50。

同时根据9个甲醛浓度及对应的植物叶片中全氮、全磷、全钾的含量,得出一个关系式,求出大气甲醛影响植物吸收相关养分的模型。

七、注意事项

实验过程中注意气室的密封性,防止甲醛漏出,污染环境;甲醛有强烈的刺鼻味,会伤害眼睛和鼻黏膜,务必做好防护;实验过程中要每天观察几次植物叶片反应,发现严重发黄、枯死的要停止实验;指导老师最好在实验前进行预备实验,确保实验过程中没有死亡植株。各个学校可以根据自己的情况选择实验植物和甲醛浓度。在实验场所醒目位置张贴醒目警示标语,防止他人受到甲醛伤害。

八、思考题

(1)大气中甲醛的主要来源有哪些?

(2)如果实验室中有少量甲醛溢出到空气中,怎样简便快速消除?

(3)大气甲醛污染对植物养分吸收有何影响?

(4)大气甲醛与大气光化学污染有什么关系?

实验十一　空气温室气体(二氧化碳)增加对植物养分吸收和生长的影响

一、实验目的

一般认为,大气二氧化碳浓度升高,植物光合作用增强,同化产物在体内积累并重新分配,引起植物生理代谢过程的变化。植物光合作用的增强促进了植物向地下部分光合产物的运输,植物的根系分枝增加,也增加了植物从土壤中吸收营养的能力。植物根系形态的改变影响到植物对营养元素和其他元素的吸收,也与植物的品种和系统有关。近30年来,全球大气二氧化碳浓度增长到330 μL/L,比工业革命前的28 μL/L高11倍有余,导致全球气候变暖,极端天气频发。尤其是2021年夏季河南短期暴雨成灾;2022年夏季中国南方很多地方极端干旱,40 ℃以上高温累计有30多天。但是,大气二氧化碳增加在一定程度上有助于植物的光合作用和生长。通过本实验,可以了解二氧化碳浓度升高对于植物生长的两面性。

二、实验原理

以当前大气中二氧化碳浓度330 μL/L为基准对照,设置多个浓度梯度,增加二氧化碳浓度,检测植物在这些浓度的二氧化碳空气中的生长状况,测定植物鲜重、根系数量和形态、光合作用、养分吸收情况等,考察大气二氧化碳浓度升高对植物生长及养分吸收的影响。

三、实验材料

黑麦草种子、1%次氯酸钠溶液、纯水、塑料育苗盘、培养基质(珍珠岩、蛭石)、1000 mL塑料烧杯、1000 mL量筒、Hoagland营养液、盐酸、氢氧化钠、pH计、微型增氧泵、乳胶管、二氧化碳钢瓶、二氧化碳气室、天平、剪刀、植物根系扫描仪、浓硫酸、30%过氧化氢、气室、手持CO_2检测仪。

四、实验步骤

本实验设7个二氧化碳浓度处理:330、360、390、420、450、480、510 μL/L。

实验选取饱满均一的一年生黑麦草(L. *mutiforum*)和多年生黑麦草(L. *perenne*)种子,在1%的次氯酸钠中浸泡15 min后,用蒸馏水洗净,播种在塑料育苗床上充分湿润的珍珠岩和蛭石(比例为1∶1)培养基中。经过10 d的培育,选取大小均一、长势相近的植物(茎长为

13.3±0.6 cm，根长为 10.5±0.6 cm），移植于盛有 1000 mL Hoagland 营养液的大塑料烧杯中。每个大塑料杯中移栽 15 株黑麦草。

幼苗在 1/4 Hoagland 营养液培适应 3 d 后，所有的培养烧杯被随机分为 7 组，分别放置在 7 个不同的人工气室里。每一组中各重复 3 个。培养期间，每 4 d 换 1 次营养液，每天监测 pH 值，用 1 mol/L HCl 或 NaOH 调节溶液使 pH 值为 6.5，并通过微型增氧泵向营养液中不间断鼓气。随机移动塑料杯的位置，保证各植物接受相对均匀的光照。黑麦草所生长的 7 个控制室除 CO_2 浓度外具有完全相同的温度、光照和湿度。昼/夜时间设置为 16/8 h，温度为 25 ℃，白天光照为 105 μmol/(m·s)，相对湿度为 60%。每个人工气室跟 CO_2 钢瓶出气阀的多路管道接口连接，开启钢瓶总阀和计量阀，准确计算通入每个人工气室的 CO_2 体积数，确保实验的正常进行；利用手持 CO_2 检测仪每天多次检查人工气室 CO_2 浓度，发现浓度降低后立即开阀通入 CO_2。连续水培 20 d 后采样测定分析。

五、分析项目指标计测定测定

1. 根系扫描

植物在营养液中生长 20 d 后进行收获，同时进行根系扫描（Epson Expression 10000XL 1.0），用 WinR HIZO 图像分析软件将获取的图像进行分析，获得植物根长、表面积、体积、平均根径、根尖数以及不同根径根系长度分布的数据。

2. 黑麦草叶片全氮全磷全钾含量测定

将每个烧杯的黑麦草全部收获，称量鲜重，根系扫描后洗净，105 ℃杀青 45 min，然后 65 ℃烘干。称取干燥植物样 0.5000 g（精确到 0.0001）于消煮管中，采用 H_2SO_4-H_2O_2 消煮至清澈，蒸馏定氮法测定全氮，钼蓝比色法测定全磷，火焰光度计测定全钾，采用油浴外加热法-硫酸亚铁滴定法测定有机碳。

六、结果计算与二氧化碳与养分吸收模型

直接使用黑麦草根系扫描结果，全氮、全磷、全钾、有机碳测定结果经过各自的换算后作为最后结果。

根据不同二氧化碳浓度与黑麦草的产量（生物量）对应关系，建立 CO_2-黑麦草产量关系式，建立黑麦草 CO_2-养分吸收模型，考察空气二氧化碳增加对植物养分吸收利用的影响。

七、注意事项

二氧化碳钢瓶要放置牢固，放置在远离热源潮湿的地方；在向各个人工气室释放二氧化碳时，要用四通分散管向四处分散，使其均匀分布在人工气室，到处充满相同浓度的二氧化碳。

八、思考题

(1)对植物生长而言,是不是空气中二氧化碳浓度越高越好?

(2)空气中二氧化碳浓度的升高,对植物生长和养分吸收利用有什么影响?

(3)农业生产中可以用什么方法向植物提供更多的二氧化碳浓度?

(4)生产中常说的二氧化碳肥有哪些?

实验十二　近地面臭氧增加对植物养分吸收和生长的影响

一、实验目的

目前近地层大气背景空气中的臭氧(O_3)浓度超过敏感作物的伤害阈值(40 nL/L),已经对植物产生肉眼可见的伤害。高浓度臭氧能破坏植物吸收二氧化碳的能力,加剧温室效应,降低植物的生长力,使得植物高度矮化、茎秆变粗。臭氧污染会造成严重的经济损失,会使得植物叶片坏死、脱落、长漂白斑、生长受抑制,从而造成农作物减产。小麦被认为是对臭氧胁迫较为敏感的作物之一。臭氧胁迫使小麦籽粒产量明显下降。本实验让学生了解臭氧对作物生长及养分吸收的影响。

二、实验原理

臭氧对植物的影响程度与臭氧浓度、接触时间有关。利用臭氧发生器产生臭氧,通入人工气室中,放置盆栽作物,在不同臭氧浓度下接触不同时间后,观察植物的生长状况、叶片颜色、卷曲程度等,测量植物鲜重、全氮全磷全钾及抗逆酶活性,考察臭氧对植物生长和养分吸收的影响。

三、实验材料

小麦、油菜、番茄、浓硫酸、过氧化氢、复合肥(15-15-15)、泥炭土、塑料育苗盘、烧杯、塑料盆钵(直径 20 cm,高度 20 cm)、臭氧发生器、人工气室、臭氧检测仪、臭氧管道分布器、电风扇、Licor6540 光合作用仪、消煮炉、定氮仪、721 紫外可见分光光度计、移液管、氢氧化钠、硼酸、光学显微镜。

四、实验设计及方法

1. 试验平台

本平台为动态熏气系统,采用分布式拓扑结构。通过实时监测由平台附属气象站观测采集温度、湿度、光照、压力及目标气体浓度的变化,利用温度、湿度调控和布气系统实现对外界环境的动态模拟,使气室内的环境因子与室外的差异维持在最小水平,并使气体浓度达到预定目标的要求。根据实验需求,本实验共设置 2 个处理,对照(CK,正常空气臭氧浓度,约 10 nL/L)、20 nL/L、40 nL/L、60 nL/L、80 nL/L、100 nL/L、150 nL/L 处理。熏气时间设定为两种不同时段,每天 09:00—17:00 和每天 09:00—13:00。湿度设定为 65%。温度、光照和大气压力动态模拟外界环境。每个处理重复 3 次,O_3 以空气为气源,由臭氧发生器产生，通过臭氧分析仪对人工气室内 O_3 浓度进行即时检测。

2. 育苗和栽培

供试作物为小麦、油菜和番茄，事先用 30% 双氧水浸泡消毒 10 min，然后用清水洗净，播入育苗盘泥炭土中，浇水，育苗。在塑料盆钵中加入 4 kg 泥炭土，待幼苗 2 叶 1 芯后移栽到盆土中。每盆施用 5 g 复合肥，事先用 800 mL 蒸馏水将其彻底溶解，然后均匀浇灌盆土。小苗移栽后立即浇 500 mL 水，放置在温室进行培养，管理措施相同。白天光照 13 h，盆钵自由排列。

待移栽幼苗长出 5 叶 1 芯后开始进行本实验。实验开始前，记录幼苗叶片数、株高、叶色。实验时，把盆钵放入不同臭氧浓度的人工气室，同时开动电风扇开始旋转鼓风，连接臭氧发生器与自动控制分布器。开启臭氧发生器，向气室输送臭氧，同时用自动臭氧检测仪检测各气室臭氧浓度。如果不能自动检测控制臭氧浓度，可以每半个小时开动 1 次，然后关闭臭氧发生器。每天下午观察记录植物叶片和新芽生长情况、叶色、叶片斑点斑块、叶片卷曲程度、叶芽生长情况、叶脉情况。连续通入臭氧 10 d 后停止实验，将盆钵搬离人工气室到正常的温室，采样，测量株高、生物量，测定叶片丙二醛、全氮、全磷、全钾和叶片光合作用参数。

五、测定项目和方法

测定植物株高和鲜重，并跟对照相比，计算变化情况。在显微镜下观察叶片叶肉组织细胞的变化。采用硫代巴比妥法测定叶片丙二醛含量，采用 H_2SO_4-H_2O_2 法消煮蒸馏定氮法测定叶片全氮含量，采用 H_2SO_4-H_2O_2 法消煮钼蓝比色法测定叶片全磷含量，采用 H_2SO_4-H_2O_2 法消煮火焰光度计法测定叶片全钾含量，采用光合作用仪测定叶片气孔导度、胞间二氧化碳浓度、蒸腾速率、净光合速率等。

六、结果计算及臭氧毒害模型

有关参数由各自测定方法计算出最后结果。根据不同臭氧浓度和接触时间与植物鲜重关系，计算植物鲜重（生物量）减少 50% 时的臭氧浓度，即该种作物的臭氧毒害阈值 TC_{50}，然后比较不同作物的毒害阈值。

根据不同臭氧浓度和接触时间与对应的植物全氮、全磷、全钾含量，计算臭氧-植物养分吸收关系式，建立臭氧毒害-植物养分模型。

七、注意事项

臭氧有毒，大气中臭氧浓度达到 0.1 mg/m^3 时人体就会有明显感觉，达到 0.2 mg/m^3 时持续 10 min 就会引起人体不舒服、头疼、恶心、难受，鼻黏膜和眼睛受到刺激和破坏，因此本实验过程中应严格按照实验要求操作，不能有臭氧泄漏到环境中。一旦有泄漏，应立即打开门窗，通风透气，人员撤离。在实验时应有专人在场管理，并在醒目部位大字写上“臭氧危险，请勿靠近”等警示标语。如遇有人吸入很多臭氧出现头疼恶心症状，应立即将其转移到空气清新环境，并立即送医。

八、思考题

(1)大气中臭氧的主要来源是什么？

(2)臭氧对人类的利弊是什么？

(3)近20年来，近地面臭氧浓度增加的原因是什么？

(4)臭氧对植物影响的利弊分析。

(5)臭氧对植物的养分吸收和利用有什么影响？

实验十三　近地面紫外辐射增加对植物养分吸收和生长的影响

一、实验目的

地球对流层和平流层之间是臭氧层。由于臭氧层减薄引起的紫外辐射增加对农作物产量和品质的影响已成为当今研究的一个热点。国外已对200多种植物做过研究，发现三分之二以上的植物受到了不同程度的伤害。大多紫外线对植物生长影响实验都是从形态和生理生化方面开展的，紫外线对植物养分吸收影响的研究较少。本实验通过UVB波段紫外线辐射下小麦、油菜、黄瓜等的生理生化和生长指标变化来探讨UVB增加对作物影响的机理，并为臭氧层减薄对我国大田作物生产的影响预测提供基础资料。

二、实验原理

UVB波段紫外线，又称为中波红斑效应紫外线，波长为275～320 nm，中等穿透力。它的波长较短的部分会被透明玻璃吸收。日光中含有的中波紫外线大部分被臭氧层所吸收，只有不足2%能到达地球表面，在夏天和午后会特别强烈。UVB紫外线对人体具有红斑作用，能促进体内矿物质代谢和维生素D的形成，但长期或过量照射会把皮肤晒黑，并引起红肿脱皮。本实验通过实验室内人工紫外灯管（发出UVB波段紫外线）照射植物的不同时间段，考察紫外线对植物形态、光合作用、生理生化和养分吸收的影响。

三、实验材料

小麦、油菜、黄瓜、30W UVB灯管（波长为280～315 nm）、光照培养箱、浓硫酸、30%双氧水、复合肥（15-15-15）、培养基质（黄土∶蛭石∶泥炭＝1∶1∶1）、塑料育苗盘、塑料盆钵（直径25 cm，高18 cm）、消煮炉、蒸馏定氮仪、721紫外可见分光光度计、天平、剪刀、烘箱、Licor-6540光合作用仪、紫外照度计。

四、实验方法

1. 育苗移栽

分别将小麦、油菜、黄瓜种子用30%双氧水浸泡消毒15 min后捞出，用自来水冲洗3 min，然后浸泡在自来水中，30 ℃下保温24 h，吸足水分后播种到育苗盘基质中，浇足水分，28 ℃下育苗，直至长出2叶1芯。选择6株健康的、长势一致的苗移栽到盆土中。盆土中事先用复合肥施肥，每盆5 g，拌匀。随机排列位置，白天28 ℃，夜晚20 ℃，连续培养至5叶1芯，进行紫外线照射实验。

2. UVB模拟照射

将盆钵连同植物一起移动到人工气候室进行UVB紫外辐照实验。除了紫外辐射不同外,其他所有条件相同。模拟紫外辐射时,增加使用30 W UVB灯管(波长为280～315 nm)。将灯管悬于植株上方,通过灯管数和高度调节辐照度(以植株上部计),并用紫外辐射测定仪在297 nm处测定辐照度。设0(白色日光灯光)、30、60、100、120、160、200 mW/m共7个处理水平,重复3次。紫外辐射实验开始后,每天10:00—17:00辐射7 h(雨天除外),连续辐射30 d。实验开始前和结束都测量株高,实验阶段采样测定,每天观察记载植物叶片颜色、数量、斑块、卷曲、死亡情况。实验结束后采集样品,测量株高、鲜重、光合作用,以及植物全株全氮、全磷、全钾、叶片丙二醛。

五、测定项目及方法

采用光合作用仪测定叶片气孔导度、胞间二氧化碳浓度、蒸腾速率、净光合速率。用直尺测量株高,用天平称重。采用硫代巴比妥法测定叶片丙二醛含量;采用浓H_2SO_4-H_2O_2消煮法-蒸馏定氮法测定全氮含量,采用浓H_2SO_4-H_2O_2消煮法-钼蓝比色法法测定全磷含量,采用浓H_2SO_4-H_2O_2消煮法-火焰光度计法测定全钾含量。

六、结果计算及模型建立

各参数由各自的测定方法计算最后结果。

根据不同紫外线辐照强度与对应的植物鲜重及毒害程度,计算出紫外辐射-植物毒害关系式,求出植物鲜重减少50%时的紫外辐照强度,就是紫外毒害阈值TC_{50}。

根据各个浓度下的紫外辐照强度与植株全量氮、磷、钾养分含量关系,建立紫外辐照-植物养分影响关系模型。

七、注意事项

紫外线辐射对人有伤害作用,尤其是眼角膜和鼻黏膜更敏感。由紫外线辐射空气产生的臭氧液对人体眼睛和鼻黏膜产生危害,接触时间长,受刺激多,可能会引起人体不适、呕吐、头疼,因此在开展此类实验时必须做好各项防护。在实验设备上张贴醒目的警示牌,实验时要严格按照操作规程进行,万一发生少量紫外辐射要尽快到医院治疗。

八、思考题

(1)紫外线对植物有哪些伤害作用?

(2)不同波段紫外线辐照植物可以导致植物性状改变和品质改变,为什么?

(3)紫外辐照对植物营养吸收利用有什么影响?

(4)紫外辐射对植物外形和生长有什么影响?

实验十四　植物的自我生态进化保护——化感作用、自毒作用与植物根系分泌物

一、实验目的

自从地球上诞生植物后，植物之间就存在对空间、阳光、水分、养分等的竞争。经过十几亿年的生态进化，植物之间进化出一套和平共处、相安无事的机制——化感作用（又叫他感作用，Allelopathy）。同种植物之间为了竞争，为了种族的延续，也进化出一套巧妙机制——自毒作用（Autotoxic），防止植物过度繁衍。

植物化感作用抑制不同物种间的竞争。古代中国农民就总结出植物之间的相生相克现象，本质就是植物之间的化感作用，通过植物根系向周围环境中分泌一些有机小分子化合物或者枯枝烂叶进入土壤腐烂分解释放出有机小分子物质，影响和抑制周围其他植物的生长（化感物质或者他感物质，Allelopathic Chemicals），或者同种植物其他弱小品种的生长（自毒物质），从而达到自身的生存和种族延续的生态进化机理。化感作用（自毒作用）是植物通过自身根系分泌物、地上部淋溶、挥发、植株残渣腐解等途径释放一些对下茬、同茬同种或同科植物生长产生抑制的现象。随着设施栽培在我国的普及，设施栽培连作障碍现象十分普及和严重，影响了设置农业的稳定发展，就是因为化感物质引起的化感作用或者自毒作用。根系分泌物是植物产生自毒作用的主要因素，同时，根系分泌物还可改变植物根际的土壤理化性质，并通过提供物质和能量来调节根际微生物的群落组成，间接加剧连作障碍，已成为作物连作障碍的研究热点。

本实验进行不同植物种间化感作用研究，揭示植物生长过程中的化感现象，为指导农业生产提供理论依据。

二、实验原理

本实验收集植物根系分泌物，浓缩、添加不同浓度的根系分泌物浓缩液到营养液中，水培不同植物。通过考察植物生长过程的外观和测定植物体内相关指标来判断化感作用或者自毒作用。另外，采用气相色谱-质谱联用仪检测根系分泌物有机成分，然后分别添加这些有机成分到营养液中培养植物，考察何种有机物质为化感物质（他感物质）或者自毒物质。

三、实验材料

1. 植物种子

西瓜、番茄、小麦、油菜。

2. 试剂和设备

Hoagland 溶液、烧杯、旋转蒸发仪、塑料育苗盘、塑料盆钵(直径 25 cm,高 20 cm)、量筒、气相色谱-质谱联用仪、150 mL 三角瓶、培养基质(菜园土∶蛭石∶泥炭土=1∶1∶1)、复合肥(15-15-15)、H_2SO_4、H_2O_2、水势仪、消煮炉、蒸馏定氮仪、721 紫外可见分光光度计、Licor6400 光合作用仪。

四、实验方法

1. 育苗与移栽

采用 30%双氧水浸泡植物种子 30 min,进行种子表面消毒,然后用清水洗净其残留的双氧水。将种子浸泡在自来水中,放置在 30 ℃恒温下 24 h,让植物种子吸足水分。然后播种到育苗盘培养基质中,浇足水分,25 ℃下育苗,直至长出 2 叶 1 芯,移栽到盆土中。

每盆装 5 kg 土,施用 5 g 复合肥,混匀。每盆移栽西瓜、黄瓜、番茄幼苗 6 株,小麦幼苗 12 株,浇水 500 mL,放置在光照培养箱培养,白天 28 ℃,夜里 18 ℃,白天光照 14 h,每隔 3 d 浇水 500 mL。

2. 根系分泌物收集浓缩

待西瓜、番茄幼苗长到 8 片真叶,轻轻取出,注意不能伤害根系。小心地洗去根部泥土。白天放入 1000 mL 蒸馏水烧杯中,持续 6 h,使得西瓜或者番茄光合作用小分子有机化合物从根部分泌到蒸馏水中。收集根系分泌物,连续收集 5 d,总共收集 5000 mL。

然后将根系分泌物加进旋转蒸发仪的旋转玻璃容器中,保持 50 ℃、转速 50 r/min。抽真空浓缩西瓜或者番茄的根系分泌物,直至剩下 2 mL 左右液体,停止蒸发浓缩,全部转移到 5 mL 离心管中,加蒸馏水定容到 5 mL,4 ℃低温避光保存,备用。

3. 化感作用实验(他感作用)

实验设西瓜或番茄根系分泌物浓度为:上述浓缩液 0、0.2、0.5、0.8、1.0、1.5 mL,将根系分泌物浓缩液准确加入 150 mL 透明玻璃三角瓶中,并加满 Hoagland 溶液,混匀根系分泌物。用海绵包裹小麦或者油菜幼苗基部茎(4 叶 1 芯),轻轻插入三角瓶口,使得幼苗根系全部浸入营养液,放置在光照培养箱继续培养 20 d。每天观察记录植物叶片的叶色、卷曲、萎蔫等情况。实验开始前测量株高和鲜重;实验结束后再次测量株高,中途第 5 天、10 天测定 1 次叶片光合作用;实验结束后采样分析。

4. 自毒作用

实验设西瓜或番茄根系分泌物浓度为:上述浓缩液 0、0.2、0.5、0.8、1.0、1.5 mL,将根系分泌物浓缩液准确加入 150 mL 透明玻璃三角瓶中,并加满 Hoagland 溶液,混匀根系分泌物。用海绵包裹西瓜、番茄幼苗基部茎,轻轻插入三角瓶口,使得幼苗根系全部浸入营养液,放置在光照培养箱继续培养 20 d。每天观察记录植物叶片的叶色、卷曲、萎蔫等情况。实验开始前测量株高和鲜重;实验结束后再次测量株高,中途第 5 天、10 天测定 1 次叶片光合作用;实验结束后采样分析。

五、化感物质(自毒物质)GC-MS 分析鉴定

将上述浓缩的西瓜、番茄根系分泌物 1 mL 用 10 mL 色谱纯甲醇/丙酮萃取。萃取混合液盖紧盖子上下震荡 30 次，静置 4 h，直至完全分层。准确吸取上层有机相，转移到 5 mL 气相色谱进样瓶中，盖紧盖子，四周用塑封膜加固封口，防止泄漏挥发，静置 4 ℃冰柜低温避光保存备用。

采用 GC-MS 对根系分泌物组分进行分析。取 5 mL 制备好的根系分泌液，用氮吹仪在 50 ℃下吹干，其残渣加入 0.5 mL 硅烷化试剂(BSTFA：TMCS＝99：1)，加盖密封后于 80 ℃水浴中衍生化 1 h。采用电子轰击源，轰击电压为 70 eV，检测波长为 50～650 nm，离子源、进样口、传输线和质谱温度均为 280 ℃，不分流。升温程序为：60 ℃保持 5 min，3.5 ℃/min 升至 100 ℃保持 5 min，8 ℃/min 升至 200 ℃保持 5 min，15 ℃/min 升至 280 ℃保持 15 min。载气为氦气，流量为 1.0 mL/min，进样量为 1 mL。应用标准图谱检索鉴定。采用不同 GC-MS 和不同萃取剂，分析测定条件有变化。

根据 GC-MS 分析结果，购买这些有机分子的纯品。用甲醇/Hoagland 溶液混合溶解这些有机分子，对每个有机物进行化感作用及自毒作用验证，配制 0、5、10、15、20、40、80、120 mg/L 浓度溶液，加入 150 mL 三角瓶，培养上述植物幼苗，重复上述化感作用/自毒作用过程，10 d 后结束。测量实验前后植物幼苗的株高、生物量、光合作用、全氮、全磷、全钾。GC-MS 分析结果后，各学校根据自己情况决定是否做单一纯品有机物化感或者自毒作用实验。

六、测定指标与方法

(1)实验前后及中途采样测定植物幼苗株高、生物量、光合作用(气孔导度、胞间二氧化碳浓度、蒸腾作用、净光合速率)，以及植株全氮、全磷、全钾含量。

采用 H_2SO_4-H_2O_2 消煮-蒸馏定氮法测定全氮含量，采用 H_2SO_4-H_2O_2 消煮-钼蓝比色法测定全磷含量，采用 H_2SO_4-H_2O_2 消煮-火焰光度计法测定全钾含量。

(2)根据上述实验，分别计算西瓜、番茄根系分泌物和单一化感物质(自毒物质)化感作用效应指数(Response Index，RI)和综合化感效应指数(Synthetical Effect，SE)。

七、结果计算与化感作用效应指数及化感作用模型

化感作用效应指数的计算方法：$RI=1-C/T(T\geqslant C)$ 或 $RI=T/C-1(T<C)$。其中，C 为对照值，T 为处理值。当 $RI>0$ 时，表示促进作用；当 $RI<0$ 时，表示抑制作用；RI 绝对值的大小代表化感作用强度。综合化感效应指数为测试指标的 RI 平均值。

根据各个根系分泌物浓度及对应的植物鲜重，建立化感物质-植物生长关系式，把植物鲜重减少 50%对应的根系分泌物的浓度称作化感效应阈值(Allelopathical Effect Threshold，AET_{50})。

根据植物各个根系分泌物浓度对应的植株全氮、全磷、全钾含量，建立植物化感效应或

者自毒效应模型。

八、注意事项

大多数植物都有化感作用或者自毒作用现象,不同作物的化感作用或者自毒作用强度和程度不同,做本实验时要选择化感作用或者自毒作用明显的。根系分泌物或者植株腐解物在收集和浓缩过程中要注意防止污染微生物,否则会降解化感物质,影响实验效果。

九、思考题

(1)不同作物的化感现象有什么特征和表现?
(2)植物化感作用或者自毒作用在生态竞争和植物物种繁衍方面有何意义?
(3)植物化感作用或者自毒作用对植物养分吸收利用有何影响?
(4)从植物化感原理解释植物连作障碍产生的机理。
(5)从植物化感原理说明发展生态农业的重要性。

主要参考文献

鲍士旦，2000．土壤农化分析(第三版)[M]．北京：中国农业出版社．

蔡庆生，2013．植物生理学实验[M]．北京：中国农业大学出版社．

苍晶，赵会杰，2013．植物生理学实验教程[M]．北京：高等教育出版社．

韩玉竹，张亮，李倩，等，2012．有机无机肥配施和根瘤菌接种对拉巴豆生长、品质及养分吸收的影响[J]．植物营养与肥料学报，18(5)：1228-1234.

何应会，曹继钊，唐健，等，2012．叶面肥对油茶幼苗生长及养分吸收的影响[J]．南方农业学报，43(12)：1997-2000.

胡训霞，史春阳，丁艳，等，2016．水稻根系中磷高效吸收和利用相关基因表达对低磷胁迫的应答[J]．中国水稻科学，30(6)：567-576.

胡彦波，2016．银中杨对二氧化氮/外源氮(硫)化物的形态生理响应[D]．哈尔滨：东北林业大学．

贾炎，2010．镉胁迫下黑麦草对二氧化碳升高的生理生化响应研究[D]．武汉：华中农业大学．

贾一磊，2016．臭氧胁迫对不同小麦品种产量、品质和抗倒性的影响[D]．扬州：扬州大学．

金维列，丁红梅，陆阳，等，2014．一种食品总糖含量的测定方法[P]．发明专利公开号 CN103760157A，申请号 201410001658.4.

李彩斌，刘琼，彭宇，等，2021．毕节烟区烟草主要土传病害的危害与分布[J]．贵州农业科学，49(10)：71-77.

李晶，赵丽娜，2018．城市典型绿化植物对二氧化硫的抗性生理研究[J]．江苏农业科学，46(9)：156-160.

李科，2014．不同土壤对不同形态氮肥吸持状况的影响[J]．陇东学院学报，25(3)：26-28.

李元，王勋陵，1998．紫外辐射增加对春小麦生理、产量和品质的影响[J]．环境科学学报(5)：58-63.

林咸永，倪吾钟，等，2016．植物营养学实验指导[M]．北京：中国农业出版社．

刘汉文，武国慧，王玲莉，等，2018．不同浓度 CO_2 与化肥配施对番茄生长和养分吸收的影响[J]．中国土壤与肥料(6)：118-125.

刘婷婷，刘智蕾，宋佳媚，等，2019．不同温度与供氮水平下丛枝菌根真菌对水稻养分吸收的影响[J]．土壤通报，50(4)：885-890.

吕丰娟，张志华，汪瑞清，等，2021．不同生育期芝麻根系分泌物对连作障碍的响应及其自毒作用[J]．中国油料作物学报，43(6)：1087-1098.

吕伟德，邱春英，曹方彬，2012．重金属胁迫对宽叶泽苔草生长、重金属及养分吸收的影响[J]．浙江大学学报(理学版)，39(6)：666-670，695.

孟姝婷，2021．外源水杨酸对盐碱条件下苹果根系生长和养分吸收的影响[D]．泰安：山东农业大学．

戚秀秀，魏畅，刘晓丹，等，2020．根际促生菌应用于基质对水稻幼苗生长的影响[J]．土壤，52(5)：1025-1032.

孙磊，2012．植物营养学实验[M]．北京：北京大学出版社．

王三根，2017．植物生理学实验教程[M]．北京：科学出版社．

吴洪生，2008．西瓜连作土传枯萎病微生物生态学机理及生物防治[D]．南京：南京农业大学．

谢晓梅，2014. 土壤与植物营养学实验[M]. 杭州：浙江大学出版社 .

薛应龙，等，1985. 植物生理学实验[M]. 北京：高等教育出版社 .

闫志浩，2020. 稻-油轮作区土壤酸度对作物生长的影响机制[D]. 北京：中国农业科学院 .

尤・李比希，1983. 化学在农业和生理学上的应用[M]. 刘更令，译 . 北京：农业出版社 .

曾仁杰，2021. 硅肥对水稻产量、品质及抗倒伏特性的影响[J]. 中国农学通报，37(22)：1-4.

周冰谦，邹廷伟，刘伟，等，2017. 植物源烟水对不同发育期黄芩光合特性和矿质元素吸收的影响[J]. 山东农业科学，49(9)：77-81.

邹琦，1995. 植物生理生化实验指导[M]. 北京：中国农业出版社 .

WU H S, YING X M, ZHU Y Y, et al, 2007. Nitrogen metabolism disorder in watermelon leaves caused by fusaric acid[J]. Physiological and Molecular Plant Pathology, 71: 69-77.

WU H S, LIU D Y, NING L, et al, 2008. Allelopathic role of artificially applied vanillic acid on in vitro *Fusarium oxysporum* f. sp. niveum[J]. Allelopathy Journal, 22(1): 111-122.

WU H S, RAZA W, FAN J Q, et al, 2008. Antibiotic effect of exogenously applied salicylic acid on in vitro soilborne pathogen, *Fusarium oxysporum* f. sp. niveum[J]. Chemopshere, 74: 45-50.

WU H S, YIN X m, ZHU Y Y, et al, 2008. Effect of fungal fusaric acid phytotoxin on root cell membrane potential and leaf defense-related antioxidases and pathogenesis-related proteins in watermelon seedlings [J]. Plant and Soil, 308: 255-266.

WU H S, LIU D Y, BAO W, et al, 2009. Influence of root exudates of watermelon on growth, sporulation, mycotoxin and pathogenic enzymes of *Fusarium oxysporum* f. sp. *niveum*[J]. Soil Science Society of America Journal, 73(4): 1150-1156.

ZHU Y Y, DI T J, XU G H, et al, 2009. Adaptation of plasma membrane H^+-ATPase of rice roots to low pH as related to ammonium nutrition[J]. Plant, Cell and Environment, 32: 1428-1440.

附　录

附录一　植物样品的采集、处理与保存

一、植物样品的采样原则

（1）代表性：避免将特殊个体作为样品。例如特大特小或奇异个体不能作为样品采集。

（2）典型性：针对目的，采集能充分说明这一目的的典型样品。

（3）适时性：对新鲜植物样本的植物营养诊断或品质分析的采样及分析必须有一个时间概念。

（4）防止污染：要防止样品之间及包装容器对样品的污染，特别要注意影响分析成分的污染物质。

二、农田植物样品的采集

首先要根据诊断分析目的制定采样方案，然后到田间进行样品采集。采集植物组织样品首先要选定植株。选择的植株必须有充分的代表性，与采集土样一样，按照一定路线多点采集（一般5点采样），S形或者蛇形采样，组成混合样品。组成每一混合样品的样株数目视作物种类、株型大小和高矮、种植密度、株龄或生育期以及要求的准确度而定。从大田或试验区选择样株要注意植株群体密度、植株长势、植株长相和高矮、生育期的一致，过大或过小，遭受病虫害或机械损伤以及在田边、路边等由于边际效应长势过强的植株属于异常植株。房屋、大树附近的植株受到房屋和大树等的影响，不具代表性，要剔除。但是如果为了某一特定目的，例如缺素诊断或者养分吸收利用而采样时，则应注意植株的典型性，同时在附近地块另行选取有对比意义的正常典型植株，使分析的结果能在相互比较的情况下说明问题。

植株选定后还要决定取样的部位和组织器官，重要的原则是所选部位的组织器官要具有最大的指示意义、典型性和代表性，也就是说，选择植株在该生育期对该养分的丰歉最敏感的组织器官，症状最典型，表现最明显。作物缺素或者养分过剩或者生理病害在不同生育时期表现不同，大田作物在生殖生长开始时期常采取主茎或主枝顶部新成熟的健壮叶或功能叶；如果分析蔬菜果实中的营养成分，要在蔬菜果实成熟期或者收获前采样；如果分析植

物果实中的有害物质,必须在果实成熟期采样。幼嫩组织的养分组成变化很快,一般不宜采样。苗期诊断则多采集整个地上部分。大田作物开始结实后,营养体中的养分转化很快,不宜再做叶分析,故一般谷类作物在授粉后即不再采集诊断用的样品。为了研究施肥等措施对产品品质的影响,尤其是研究肥料利用率时要测定全株的养分含量,则在成熟期采取根、茎秆、叶、籽粒、果实、块茎、块根等样品。果树和林木多年生植物的营养诊断通常采用"叶分析"或不带叶柄的"叶片分析",个别作物如葡萄、棉花则常做"叶柄分析"。果实的品质分析必须采集成熟期或者收获期的果实。

农产品品质分析时,植物体内各种物质,特别是活动性成分如硝态氮、氨基态氮、可溶性糖、可溶性蛋白、还原糖等都处于不断的代谢变化之中,不仅在不同生育期的含量有很大的差别,而且在一日之间也有显著的周期性变化。因此在分期采样时,取样时间应规定一致,通常以晴天上午 8—10 时为宜,因为这时植物的生理活动已趋活跃,地下部分的根系吸收速率与地上部趋于上升的光合作用强度接近动态平衡。此时植物组织中的养料贮量最能反映根系养料吸收与植物同化需要的相对关系,因此最具有营养诊断的意义。分析农产品品质比如维生素 C 等要用新鲜样进行。大田采集新鲜植株叶片或者果实样品时,必须携带冷藏箱,采集的新鲜叶片或者过程必须立即放入冷藏箱内,防止还原性物质发生变化,而且要尽快到实验室进行分析测定,如果暂时不测定,必须放入 −20 ℃冰柜冷冻保藏,防止成分变化。诊断作物氮、磷、钾、钙、镁等营养成分状况的采样还应考虑各元素在植物营养中的特殊性和特定要求。对于新鲜植株样,需要采集全株的必须采集全株,只对某个特定组织部位分析的只采集组织。如果是农产品品质分析,必须采集蔬菜叶和果实部分。一般养分诊断分析采集 1 kg 样品,如果是全株分析需要采集 3～5 kg 样品。如果是农产品品质分析,需要采集 3～5 kg 样品。对于新鲜瓜果,至少采集 5 株不同植株上的至少各 3 个果实。

采得的植株样品如需要分不同器官(例如叶片、叶鞘或叶柄、茎、果实等部分)测定,须立即将其剪开,以免养分运转。如果用鲜叶测定,要立即用液氮冷冻后放入 −20 ℃冰柜。如果用干叶测定,立即用 105 ℃杀青 35 min 后,70～80 ℃烘干 24 h 灭活固定保存或者测定。

三、植物样品的制备和保存

由于植物生长在野外田间,由于各种原因,施肥、打药、降雨、农事操作等会污染植物叶片或者茎秆,采得的样品一般说是需要洗涤的,否则可能引起泥土、施肥喷药等显著的污染,这对微量营养元素如铁、锰等的分析尤为重要。洗涤一般可用清洁的自来水冲洗两次,然后晾干或者用吸水纸吸干,或者用湿布仔细擦净表面污染物。

测定植物组织中易发生变化的成分(例如硝态氮、氨基态氮、无机磷、水溶性糖、氰、维生素等)须用新鲜样品。鲜样品如需短期保存,必须在 −20 ℃或者 −80 ℃冰箱中保存,以抑制其变化。分析时将洗净的鲜样剪碎混匀后立即称样,放入瓷研钵中,倒入液氮,或者置于冰上,与适当溶剂(或再加石英砂)共研磨,进行浸提测定。

测定不易变化的成分则常用干燥样品。洗净的鲜样必须尽快干燥,以减少化学和生物上的变化。采用 105 ℃杀青 35 min,然后 70～80 ℃烘干 24 h 至恒重。如果延迟过久,细胞的呼吸和霉菌的分解都会消耗组织的干物质而致改变各成分的含量,蛋白质也会裂解成较简单的含氮化合物。杀酶要有足够的高温，但烘干的温度不能太高，以防止组织外部结成干壳而阻碍内部水分的蒸发，而且高温还可能引起组织的热分解或焦化。因此，分析用的植物鲜样要分两步干燥：先将鲜样在 80～90 ℃烘箱(最好用鼓风烘箱)中烘 15～30 min(松软组织烘 15 min，致密坚实的组织烘 30 min)杀青灭活，然后降温至 70～80 ℃继续烘干。具体时间须视鲜样水分含量而定，控制在 12～24 h。

植株样品干燥后要进行粉碎处理，以方便下一步测定。干燥的样品可用研钵或带刀片的(用于茎叶样品)或带齿状的(用于种子样品)磨样机粉碎，并全部过筛。植物分析样品的细度须视称样的大小而定，通常可用圆孔直径为 1 mm 的筛；如称样仅 1～2 g 者，宜用 0.5 mm 的筛；称样小于 1 g 者，须用 0.25 或 0.1 mm 的筛。磨样和过筛都必须考虑到样品补污染的可能性，一般用尼龙网筛或者不锈钢网筛。样品过筛后须充分混匀，保存于磨口广口瓶中，内外各贴放一样品标签。

样品在粉碎和贮存过程中会吸收一些空气中的水分，所以在精密分析工作中，称样前还须将粉状样品在 65 ℃(12～24 h)或 90 ℃(2 h)中再次烘干，然后放入干燥器冷却 20 min 再称样，不能在干燥后立即称样，不过一般常规分析不必这样操作。干燥的磨细样品必须保存在密封的棕色玻璃瓶中，置于避光低温干燥处，称样时应充分混匀后多点勺取。

植物微量元素分析样品在干燥和粉碎过程中所用方法与分析常量元素样品相似，特别指出的是防止干燥和粉碎过程中仪器对样品的污染。例如在干燥箱中烘干时，要用没有金属污染的布袋或者纸袋套装植物样品放在烘箱中进行干燥，防止烘箱高温下有少量金属原子气化沉降到植物样品内，造成金属粉末等的污染。粉碎样品选用的研磨设备应采用不锈钢工具钢刀和网筛，如要准确分析铁，必须在玛瑙研钵上研磨。研磨分析标本的细度相当重要，至少通过 20 目筛，并充分混合。磨细后的样品，要贮存在密封的棕色容器中，低温、干燥、避光保存。在分析前，样品应在 60～70 ℃下烘干 20 h，然后再进行分析。

附录二　实验室安全与防护知识及常识

一、实验室安全知识

在生物化学实验室中，人员经常与毒性很强、有腐蚀性、易燃烧和具有爆炸性的化学药品直接接触，常常使用易碎的玻璃和瓷质器皿以及在煤气、水、电等高温电热设备的环境下进行实验，因此，必须十分重视安全工作。

(1)进入实验室开始工作前应了解总阀门、水阀门及电闸所在处。离开实验室时，一定要将室内检查一遍，应将水、电、煤气的开关关好，门窗锁好。

(2)使用煤气灯时，应先将火柴点燃，一手执火柴紧靠近灯口，一手慢开煤气门。不能先开煤气门，后燃火柴。灯焰大小和火力强弱，应根据实验的需要来调节。用火时，应做到火着人在、人走火灭。

(3)使用电器设备(如烘箱、恒温水浴、离心机、电炉等)时，严防触电；绝不可用湿手或在眼睛旁视时开关电闸和电器开关。应该用试电笔检查电器设备是否漏电，凡是漏电的，一律不能使用。

(4)使用浓酸、浓碱，必须极为小心地操作，防止溅出。用移液管量取这些试剂时，必须使用橡皮球，绝对不能用口吸取。若不慎溅在实验台或地面上，必须及时用湿抹布擦洗干净。如果触及皮肤应立即治疗。

(5)使用可燃物，特别是易燃物(如乙醚、丙酮、乙醇、苯、金属钠等)时，应特别小心。不要大量放在桌上，更不要放在靠近火焰处。只有在远离火源时，或将火焰熄灭后，才可大量倾倒易燃液体。低沸点的有机溶剂不准在火上直接加热，只能在水浴上利用回流冷凝管加热或蒸馏。

(6)如果不慎倾出了相当量的易燃液体，则应按下法处理：

①立即关闭室内所有的火源和电加热器。

②关门，开启窗户。

③用毛巾或抹布擦拭洒出的液体，并将液体拧到大的容器中，然后再倒入带塞的玻璃瓶中。

(7)用油浴操作时，应小心加热，不断用温度计测量，不要使温度超过油的燃烧温度。

(8)易燃和易爆炸物质的残渣(如金属钠、白磷、火柴头)不得倒入污物桶或水槽中，应收集在指定的容器内。

(9)废液，特别是强酸和强碱不能直接倒在水槽中，应先稀释，然后倒入水槽，再用大量自来水冲洗水槽及下水道。

(10)毒物应按实验室的规定办理审批手续后领取，使用时严格操作，用后妥善处理。

二、实验室灭火法

实验中一旦发生了火灾切不可惊慌失措，应保持镇静。首先立即切断室内一切火源和电源。然后根据具体情况正确地进行抢救和灭火。常用的方法有：

(1)在可燃液体燃着时，应立即拿开着火区域内的一切可燃物质，关闭通风器，防止扩大燃烧。若着火面积较小，可用抹布、湿布、铁片或沙土覆盖，隔绝空气使之熄灭。但覆盖时动作要轻，避免碰坏或打翻盛有易燃溶剂的玻璃器皿，导致更多的溶剂流出而再次着火。

(2)酒精及其他可溶于水的液体着火时，可用水灭火。

(3)汽油、乙醚、甲苯等有机溶剂着火时，应用石棉布或沙土扑灭。绝对不能用水，否则会扩大燃烧面积。

(4)金属钠着火时，可把沙子倒在它的上面。

(5)导线着火时不能用水及二氧化碳灭火器灭火，应切断电源或用四氯化碳灭火器灭火。

(6)衣服烧着时切忌奔走，可用衣服等包裹身体或躺在地上滚动以灭火。

(7)发生火灾时应注意保护现场。较大的着火事故应立即报警。

三、实验室急救

在实验过程中不慎发生人员受伤事故，应立即采取适当的急救措施。

(1)玻璃割伤及其他机械损伤：首先必须检查伤口内有无玻璃或金属等物的碎片，然后用硼酸水洗净伤口，再擦碘酒或紫药水，必要时用纱布包扎。若伤口较大或过深而大量出血，应迅速在伤口上部和下部扎紧血管止血，立即到医院诊治。

(2)烫伤：一般用浓的(90%～95%)酒精消毒后，涂上苦味酸软膏。如果伤处红痛或红肿(一级灼伤)，可用橄榄油或用棉花蘸酒精敷盖伤处；若皮肤起泡(二级灼伤)，不要弄破水泡，防止感染；铬伤处皮肤呈棕色或黑色(三级灼伤)，应用干燥而无菌的消毒纱布轻轻包扎好，急送医院治疗。

(3)强碱(如氢氧化钠、氢氧化钾)、钠、钾等触及皮肤而引起灼伤时，要先用大量自来水冲洗，再用5%乙酸溶液或2%硼酸溶液涂洗。

(4)强酸、溴等触及皮肤而致灼伤时，应立即用大量自来水冲洗，再以5%碳酸氢钠溶液或5%氢氧化铵溶液洗涤。

(5)如酚触及皮肤引起灼伤，应该用大量的水清洗，并用肥皂和水洗涤，忌用乙醇。

(6)若煤气中毒，应到室外呼吸新鲜空气，严重时立即到医院诊治。

(7)水银容易由呼吸道进入人体，也可以经皮肤直接吸收而引起积累性中毒。严重中毒的征象是口中有金属气味，呼出气体也有气味；流唾液，牙床及嘴唇上有硫化汞的黑色；淋巴腺及唾液腺肿大。若不慎水银中毒，应送医院急救。急性中毒时，通常用碳粉或呕吐剂彻底洗胃，或者食入蛋白(如1 L牛奶加3个鸡蛋清)或蓖麻油解毒并使之呕吐。

(8)触电：触电时可按下述方法之一切断电路：

①关闭电源;

②用干木棍使导线与被害者分开;

③使被害者和大地分离,急救时急救者必须做好防止触电的安全措施,手或脚必须绝缘。

四、实验室常识

(1)挪动干净玻璃时,勿使手指接触仪器内部。

(2)量瓶是量器,不要用量瓶作盛器。带有磨口玻璃塞的量瓶等仪器的塞子,不要盖错。带玻璃塞的仪器和玻璃瓶等,如果暂时不使用,要用纸条把瓶塞和瓶口隔开。

(3)洗净的仪器要放在架子或干净纱布上晾干,不能用抹布擦拭,更不能用抹布擦拭仪器内壁。

(4)除微生物实验操作要求外,不要用棉花代替橡皮塞或木塞堵瓶口或试管口。

(5)不要用纸片覆盖烧杯和锥形瓶等。

(6)不要用滤纸称量药品,更不能用滤纸做记录。

(7)不要用石蜡封闭精细药品的瓶口,以免掺混。

(8)标签纸的大小应与容器相称,或用大小相当的白纸,绝对不能用滤纸。标签上要写明物质的名称、规格和浓度、配制的日期及配制人。标签应贴在瓶或烧杯的 2/3 处,如用试管等细长形容器则贴在上部。

(9)使用铅笔写标记时,要写在玻璃仪器的磨砂玻璃处。如用玻璃蜡笔或水不溶性油漆笔,则写在玻璃容器的光滑面上。

(10)取用和标准溶液后,须立即将瓶塞严,放回原处。如取出的试剂和标准溶液未用尽,切勿倒回瓶内,以免带入杂质。

(11)凡是发生烟雾、有毒气体和有臭味气体的实验,均应在通风橱内进行。橱门应紧闭,非必要时不能打开。

(12)用动物进行实验时,不许戏弄动物。进行杀死或解剖等操作,必须按照规定方法进行。绝对不能用动物、手术器械或药物开玩笑。

(13)使用贵重仪器如分析天平、比色计、分光光度计、酸度计、冰冻、层析设备等,应十分重视,加倍爱护。使用前,应熟知仪器使用方法。若有问题,随时请指导实验的教师解答。使用时,要严格遵守操作规程。发生故障时,应立即关闭仪器,并告知管理人员,不得擅自拆修。

(14)一般容量仪器的容积都是在 20 ℃下校准的。使用时如温度差异在 5 ℃以内 . 容积改变不大,可以忽略不计。

附录三　玻璃仪器的洗涤和干燥

实验中所使用的玻璃仪器清洁与否，直接影响实验结果。仪器的不清洁或被污染会造成较大的实验误差，甚至会出现相反的实验结果。因此，玻璃仪器的洗涤清洁工作是非常重要的。

一、初用玻璃仪器的清洗

新购买的玻璃仪器表面常附着游离的碱性物质，可先用洗涤灵稀释液、肥皂水或去污粉等洗刷再用自来水洗净，然后浸泡在1%～2%盐酸溶液中过夜(不少于4 h)，再用自来水冲洗，最后用蒸馏水冲洗2～3次，在80～100 ℃烘箱内烤干备用。

二、使用过的玻璃仪器的清洗

(1)一般玻璃仪器：如烧杯、锥形瓶等(包括量筒)，先用自来水洗刷至无污物；再选用大小合适的毛刷蘸取洗涤灵稀释液或浸入洗涤灵稀释液内，将器皿内外(特别是内壁)细心刷洗，用自来水冲洗干净后再用纯净水冲洗2～3次，烘干或倒置在清洁处，干后备用。凡洗净的玻璃器皿，不应在器壁上带有水珠，否则表示尚未洗干净，应再按上述方法重新洗涤。若发现内壁有难以去掉的污迹，应分别试用各种洗涤剂予以清除，再重新冲洗。

(2)量器：如移液管、滴定管、量瓶等，使用后应立即浸泡于凉水中，勿使物质干涸。工作完毕后用流水冲洗，去除附着的试剂、蛋白质等物质，晾干后浸泡在铬酸洗液中4～6 h(或过夜)，再用自来水充分冲洗，最后用水冲洗2～4次，风干备用。

(3)其他：具有传染性样品的容器，如病毒、传染病患者的血清等污染过的容器，应先进行高压(或其他方法)消毒后再进行清洗。盛过各种有毒药品，特别是剧毒药品和放射性物质等的容器，必须经过专门处理，确知没有残余毒物存在方可进行清洗。

三、洗涤液的种类和配制方法

(1)铬酸洗液(重铬酸钾-硫酸洗液，简称为洗液)广泛用于玻璃仪器的洗涤。常用的配制方法有下述四种：

① 取100 mL工业浓硫酸置于烧杯内，小心加热，然后慢慢加入5 g重铬酸钾粉末，边加边搅拌，待全部溶解后冷却，贮于具玻璃塞的细口瓶内。

② 称取5 g重铬酸钾粉末置于250 mL烧杯中，加水5 mL，尽量使其溶解。慢慢加入浓硫酸100 mL，随加随搅拌。冷却后贮存备用。

③ 称取80 g重铬酸钾，溶于1000 mL自来水中，慢慢加入工业硫酸100 mL，边加边用玻璃棒搅动。

④ 称取 200 g 重铬酸钾，溶于 500 mL 自来水中，慢慢加入工业硫酸 500 mL，边加边搅拌。

(2)浓盐酸(工业用)：可洗去水垢或某些无机盐沉淀。

(3)5%草酸溶液：用数滴硫酸酸化，可洗去高锰酸钾的痕迹。

(4)5%～10%磷酸三钠($Na_3PO_4 \cdot 12H_2O$)溶液：可洗涤油污物。

(5)30%硝酸溶液：洗涤 CO_2 测定仪器及微量滴管。

(6)5%～10%乙二胺四乙酸二钠(-Na_2)溶液：加热煮沸可洗脱玻璃仪器内壁的白色沉淀物。

(7)尿素洗涤液：为蛋白质的良好溶剂，适用于洗涤盛蛋白质制剂及血样的容器。

(8)酒精与浓硝酸混合液：最适用于洗净油脂等，在玻璃烧杯中加入 3 mL 酒精，然后沿管壁慢慢加入 4 mL 浓硝酸(比重 1.4)，盖住滴定管管口，利用所产生的氧化氮洗净滴定管。

四、有机溶剂

如丙酮、乙醇、乙醚等可用于洗去油脂、脂溶性染料等污痕。二甲苯可洗脱油漆的污垢。

五、氢氧化钾的乙醇溶液和含有高锰酸钾的氢氧化钠溶液

这是两种强碱性的洗涤液，对玻璃仪器的侵蚀性很强，可清除容器内壁污垢，但洗涤时间不宜过长。使用时应小心慎重。上述洗涤液可多次使用，但是使用前必须将待洗涤的玻璃仪器用水冲洗多次，除去肥皂、去污粉或各种废液。若仪器上有凡士林或羊毛脂时，应先用纸擦去，然后用乙醇或乙醚擦净后才能使用洗涤液，否则会使洗涤液迅速失效。例如，肥皂水、有机溶剂(乙醇、甲醛等)及少量油污都会使重铬酸钾-硫酸洗液变成绿色，降低洗涤能力。

附录四　溶液的配制

一、一般溶液的配制

一般溶液也称为辅助试剂溶液，这一类试剂溶液用于控制化学反应条件，在样品处理溶解、分离、掩蔽、调节溶液的酸碱性等操作中使用。在配制时，试剂的质量由托盘天平称量，体积用量筒或量杯量取。配制这类溶液的关键是正确地计算应该称量溶质的质量以及应该量取液体溶质的体积。

1. 容量比(V/V)

是液体试剂相互混合或用溶剂稀释时的表示方法。如(1+4)的 H_2SO_4，是指1单位体积的浓 H_2SO_4 与4单位体积的水相混合。

配制的计算公式为

$$V_1=\frac{V}{A+B}\times A$$

$$V_2=V-V_1$$

式中，V 为欲配制溶液的总体积，mL；V_1 为应取溶液的体积，mL；V_2 为应加溶剂的体积，mL；A 为浓溶液的体积分数；B 为溶剂的体积分数。

【例】欲配制(1+3)HCl溶液200 mL，问应取浓HCl和水各多少毫升？如何配制？

【解】已知 $A=1$，$B=3$，$V=200$，则

$$V_1=\frac{V}{A+B}\times A=\frac{200}{1+3}\times 1=50$$

$$V_2=V-V_1=200-50=150(\text{mL})$$

【配制】用量筒量取150 mL水及50 mL浓HCl于烧杯中混合均匀即可。

液体相混时，体积之间非加和性引起的误差忽略不计。

2. 质量比(m/m)

是固体试剂相互混合时的表示方法，在配位滴定的固体指示剂配制时经常用到。

如欲配制1-1-100的紫脲酸铵-NaCl指示剂50 g，即称取0.5 g紫脲酸铵于研钵中，再称取经100 ℃枯燥过的NaCl 50 g，充分研细混匀即可。

二、质量百分浓度(m/m%)溶液

定义为100 g溶液中含有溶质的克数。即

$$\text{质量百分浓度}=\frac{\text{溶质克数}}{\text{溶液克数}}\times 100\%$$

市售试剂一般都以质量百分浓度表示。如“65%”的 HNO_3，表示在100 g硝酸液中含有65 g纯 HNO_3 和35 g水。这种浓度的试剂在实验室中很少采用，主要用在生产上。

【例】要配制 20%（m/m%）的 HNO_3（$\rho_1=1.12$）溶液 500 mL，问需 66%的浓 HNO_3（$\rho_2=1.40$）多少毫升？如何配制？

【解】已知 $\rho_1=1.12$，$x_1=20\%$，$V_1=500$ mL，$\rho_2=1.40$，$x_2=66\%$，则

$$V_2=\frac{\rho_1 V_1 x_1}{\rho_2 x_2}=\frac{1.12\times500\times20\%}{1.40\times66\%}\approx121\ (\text{mL})$$

应加水的量：$V_1-V_2=500-121=379$ (mL)

【配制】量取 66%的浓 HNO_3 121 mL，加 379 mL 水，混匀即得 20%的 HNO_3 溶液。

三、体积百分浓度溶液

1. 质量体积百分浓度（m/V%）

是以 100 mL 溶剂中所含溶质的克数表示的浓度。

$$\rho\%=\frac{m}{V}\times100\%$$

式中，$\rho\%$为质量体积百分浓度；m 为固体溶质的质量，g；V 为溶剂的体积，mL。

【例】欲配制 20%（g/mL%）的 KI 溶液 50 mL，问应取 KI 多少克？如何配制？

【解】已知 $\rho\%=20\%$，$V=50$ mL，那么 $m=50\times20\%=10$ (g)。

【配制】用托盘天平称 10 g KI 放于 100 mL 烧杯中，加 50 mL 水溶解即可。

由此可见，根据所配溶液的浓度和体积，计算出溶质的质量即可配制。

如果用一个浓度高的质量体积百分浓度的溶液，配制较稀的质量体积百分浓度的溶液，只需计算出应取浓溶液的体积即可配制。计算依据是稀释前后两溶液中所含溶质相等。

2. 体积百分浓度（V/V %）溶液

是以 100 mL 溶液中含有液体溶质 B 的毫升数表示的浓度，即

$$\rho\%=\frac{V_B}{V}\times100$$

式中，$\rho\%$为体积百分浓度，V/V %；V_B 为液体溶质的体积，mL；V 为溶液的体积，mL。

【例】用无水乙醇配制 70%（V/V%）的乙醇溶液 500 mL，应如何配制？

【解】$\rho\%=70\%$，$V=500$ mL，由上面公式可得

$$V_B=V\times\rho\%=500\times70\%=350\ (\text{mL})$$

【配制】量取 350 mL 无水乙醇置于 500 mL 量瓶中，加水至刻度，摇匀即可。

四、物质的量浓度溶液

1. 物质的量浓度的定义

物质的量浓度，指单位体积溶液中所含溶质 B 的物质的量，即以物质 B 的物质的量 n_B 除以溶液的体积。

$$C_B=\frac{n_B}{V}$$

式中，C_B 为物质的量浓度，mol/L；n_B 为物质 B 的物质的量，mol ；V 为溶液体积，L。

C_B 是物质的量浓度的规定符号，其下标 B 意指根本单元，根本单元确定后，应标出 B 的化学式。例如 C_{NaOH}、$C_{\frac{1}{6}K_2CrO_7}$ 等。

2. 物质的量浓度溶液的配制计算

(1)用固体溶质配制，计算公式为

$$m_B=C_B\times\frac{V}{1000}\times M_B$$

式中，m_B 为应称取物质 B 的质量，g；C_B 为物质 B 的物质的量浓度，mol/L；V 为欲配溶液的体积，mL；M_B 为物质 B 的摩尔质量，g/mol。

确定根本单元之后，任何物质的摩尔质量，在数值上等于选定根本单元的式量。

【例】欲配制 $C_{\frac{1}{6}K_2CrO_7}$ 为 0.2 mol/L 的溶液 500 mL，应如何配制？

【解】已知 $C_{\frac{1}{6}K_2CrO_7}=0.2$ mol/L，$V=500$ mL，则

$$M_{\frac{1}{6}K_2CrO_7}=\frac{1}{6}M_{K_2CrO_7}=\frac{294.18}{6}=49.03(g)$$

由上述公式可得

$$m_{K_2Cr_2O_7}=C_{\frac{1}{6}K_2CrO_7}\times\frac{V}{1000}\times M_{\frac{1}{6}K_2CrO_7}$$

$$=0.2\times\frac{500}{1000}\times49.03=4.9(g)$$

【配制】如果要求不太准确，在托盘天平上称取 4.9 g K_2CrO_7 溶于水并稀释至 500 mL 即可。

(2)用液体溶质配制。计算时先由上面公式计算出应称取溶质 B 的质量，再由下式计算出应量取液体溶质的体积。

$$V_B=\frac{m_B}{\rho\cdot\chi\%}$$

式中，V_B 为应量取液体溶质 B 的体积，mL；ρ 为液体溶质的密度，g/mL；χ 为液体溶质的质量百分浓度。

附录五　酸碱溶液的标定

盐酸标准溶液的标定

一、仪器与试剂

仪器：全自动电光分析天平 1 台、称量瓶 1 只、1000 mL 试剂瓶 1 个、250 mL 锥形瓶 3 个、50 mL 酸式滴定管 1 支、50 mL 量筒 1 只。

试剂：0.1 mol/L 盐酸待标定溶液、无水碳酸钠(固基准物)、溴甲酚绿-甲基红混合指示剂。

二、0.1 mol/L 盐酸标准溶液的标定步骤与计算

1. 标定步骤

用称量瓶按递减称量法称取在 270～300 ℃灼烧至恒重的基准无水碳酸钠 0.15～0.22 g(称准至 0.0002 g)，放入 250 mL 锥形瓶中，以 50 mL 蒸馏水溶解，加溴甲酚绿-甲基红混合指示剂 10 滴(或以 25 mL 蒸馏水溶解，加甲基橙指示剂 1～2 滴)，用 0.1 mol/L 盐酸溶液滴定至溶液由绿色变为暗红色(或由黄色变为橙色)，加热煮沸 2 min，冷却后继续滴定至溶液呈暗红色(或橙色)为终点。平行测定 3 次，同时做空白实验。以上平行测定 3 次的算术平均值为测定结果。

2. 计算

$$C_{HCl}=\frac{m\times1000}{(V_1-V_0)\times52.99}$$

式中，m 为基准无水碳酸钠的质量，g；V_1 为盐酸溶液的用量，mL；V_0 为空白实验中盐酸溶液的用量，mL；52.99 为 1/2 Na_2CO_3 摩尔质量，g/mol；C_{HCL} 为盐酸标准溶液的浓度，mol/L。

氢氧化钠溶液的标定

一、试剂

(1)0.1000 mol/L 氢氧化钠待标定溶液

(2)酚酞指示剂

二、仪器

(1)全自动电光分析天平　　1 台

(2)称量瓶　　1 只

(3)碱式滴定管(50 mL)　　1支
(4)锥形瓶(250 mL)　　3只
(5)烧杯(250 mL)　　2只
(6)洗瓶　　1只
(7)量筒(50 mL)　　1只

三、测定步骤

准确称取在110～120 ℃烘至恒重的基准邻苯二甲酸氢钾0.5～0.6 g(称准至0.0002 g)，放入250 mL三角瓶中，加入250 mL的蒸馏水溶解，加酚酞指示剂2滴，用0.1 mol/L NaOH溶液滴定至由无色变为红色30 s不褪色为终点，平行测定3次，同时做空白实验。

四、计算

$$C_{NaOH}=\frac{m\times 1000}{(V_1-V_0)\times 204.22}$$

式中，m为邻苯二甲酸氢钾的质量，g；V_1为NaOH溶液的用量，mL；V_0为空白实验NaOH溶液的用量，mL；204.22为邻苯二甲酸氢钾的摩尔质量，g/mol；C_{NaOH}为NaOH标准溶液的浓度，mol/L。

混合碱的组成及其含量的测定

一、仪器和试剂

1. 仪器

(1)全自动电光分析天平　　1台
(2)酸式滴定管(50 mL)　　1支
(3)称量瓶　　1只
(4)锥形瓶(250 mL)　　2只
(5)洗瓶　　1只
(6)容量瓶(250 mL)　　1只
(7)烧杯(250 mL)　　2只

2. 试剂

0.1%甲基橙指示剂、0.1%酚酞指示剂、混合碱试样、0.1 mol/L HCl标准溶液。

二、实验步骤

(1)准确称取1.8000～2.000 g混合碱试样混合碱于烧杯中，溶解并定量转移于250 mL容量瓶中，用蒸馏水稀释到刻度，摇匀。

(2)用处理好的移液管准确移取 25.00 mL 试液于锥形瓶中，加入酚酞指示剂 2 滴，用 0.1 mol/L HCl 标准溶液滴定至红色刚刚褪去，记录消耗 0.1 mol/L HCl 标准溶液体积记为 V_1 mL，然后加入甲基橙指示剂 1 滴，继续用 0.1 mol/L HCl 标准溶液滴定至溶液由黄色变为橙色为终点，记录消耗 HCl 标准溶液的总体积 $V_{总}$，平行测定 3 次。根据两次消耗 0.1 mol/L HCl 标准溶液的体积，计算出 V_1 和 V_2，判断出此混合碱由哪两种物质组成。

另准确称取混混合碱 1.8000～2.000 g 试样于锥形瓶中，加入 50 mL 蒸馏水溶解，加入酚酞指示剂 1～2 滴，用 0.1 mol/L HCl 标准溶液滴定至红色刚刚褪去，记录消耗 0.1 mol/L HCl 标准溶液体积记为 V_1 mL，然后加入甲基橙指示剂 1 滴，继续用 0.1 mol/L HCl 标准溶液滴定至溶液由黄色变为橙色为终点，记录消耗 HCl 标准溶液的总体积 $V_{总}$，平行测定 3 次。根据两次消耗 0.1 mol/L HCl 标准溶液的体积，计算出 V_1 和 V_2，判断出此混合碱由哪两种物质组成。

(3)计算结果。

①若 $V_1 < V_2$，则：

$$(Na_2CO_3)\% = \frac{C_{HCl} \times 2V_1 \times \frac{0.05299}{1000}}{m \times \frac{25.00}{250}} \times 100\%$$

$$(NaHCO_3)\% = \frac{C_{HCl} \times (V_2 - V_1) \times \frac{0.04800}{1000}}{m \times \frac{25.00}{250}} \times 100\%$$

②若 $V_1 > V_2$，则：

$$(Na_2CO_3)\% = \frac{C_{HCl} \times 2V_2 \times \frac{0.05299}{1000}}{m \times \frac{25.00}{250}} \times 100\%$$

$$(NaOH)\% = \frac{C_{HCl} \times (V_1 - V_2) \times \frac{0.04000}{1000}}{m \times \frac{25.00}{250}} \times 100\%$$

式中，C_{HCl} 为盐酸标准溶液的浓度，mol/L；V_1 为以酚酞为指示剂，滴定至终点时盐酸标准溶液的用量，mL；V_2 为以甲基橙为指示剂，滴定至终点时盐酸标准溶液的用量，mL；0.05299 为碳酸钠的毫摩尔质量，g/(mmol/L)；0.08400 为碳酸氢钠的毫摩尔质量，g/(mmol/L)；0.04000 为氢氧化钠的毫摩尔质量，g/(mmol/L)。

高锰酸钾溶液的标定

一、仪器和试剂

1. 仪器

(1)全自动电光分析天平　　　　　　1 台

(2)称量瓶 1只
(3)棕色酸式滴定管(50 mL) 1支
(4)锥形瓶(250 mL) 3只
(5)量筒(50 mL) 1只

2. 试剂

(1)0.1 mol/L 高锰酸钾待标定溶液
(2)草酸钠(基准试剂)
(3)3 mol/L 的硫酸溶液

二、步骤

(1)准确称取于105～110 ℃烘干至恒重的基准试剂草酸钠0.18～0.22 g(准确至0.0002 g),放于锥形瓶中,加入50 mL蒸水溶解后,再加入3 mol/L的硫酸溶液15 mL,加热到75～85 ℃,趁热用待标定的0.1 mol/L高锰酸钾待标定溶液滴定至溶液呈粉红色,并保持30 s不褪色,平行测定3次,同时做空白实验。

(2)按下式计算结果:

$$C_{⅕KMnO_4}=\frac{m_{Na_2C_2O_3}\times 1000}{(V_1-V_0)\times 67.00}$$

式中,$m_{Na_2C_2O_3}$ 为基准试剂草酸的质量,g;V_1 为高锰酸钾标准溶液的消耗量,mL;V_2 为空白实验高锰酸钾标准溶液的用量,mL;67.00为草酸钠$\left(\frac{1}{2}Na_2C_2O_3\right)$的摩尔质量,g/(mol/L);$C_{⅕KMnO_4}$ 为高锰酸钾标准溶液的浓度,mol/L。

铵盐中氮含量的测定

一、仪器和试剂

1. 仪器

(1)全自动电光分析天平 1台
(2)碱式滴定管(50 mL) 1支
(3)容量瓶(250 mL) 1只
(4)锥形瓶(250 mL) 3只
(5)移液管(25 mL) 1支
(6)吸量管(5 mL) 1支
(7)吸耳球 1只
(8)称量瓶 1只
(9)烧杯(250 mL) 1只

2. 试剂

(1)0.1 mol/L 氢氧化钠标准溶液

(2)硫酸铵试样

(3)18%甲醛溶液

(4)酚酞指示剂

二、步骤

(1)准确称取1.20～1.40 g(精确至0.0002 g)的硫酸铵试样,放于250 mL烧杯中,加入约50 mL的蒸馏水溶解试样,定量移入250 mL容量瓶中,用少量的水洗涤烧杯2～3次,洗涤液并入容量瓶中,平摇,稀释至刻度,摇匀。

(2)准确移取25 mL硫酸铵试液,于锥形瓶中,加入5 mL 18%的中性甲醛试液,放置5 min后,加入1～2滴酚酞指示剂,用0.1 mol/L氢氧化钠标准溶液滴定至溶液呈浅粉红色,并保持30 s不褪色,记录氢氧化钠溶液的消耗量(V_{NaOH}),平行测定3次。

3. 按下式计算结果:

$$(N)\% = \frac{C_{NaOH} \times V_{NaOH} \times 0.01401}{m \times \frac{25.00}{250}} \times 100\%$$

式中,C_{NaOH} 为氢氧化钠标准溶液的摩尔浓度,mol/L;V_{NaOH} 为氢氧化钠标准溶液的消耗量,mL;0.01401为氮的毫摩尔质量,g/(mmol/L);m 为硫酸铵试样的质量,g。

总碱含量的测定

一、试剂

(1)0.1000 mol/L HCl标准溶液

(2)甲基橙指示剂

二、仪器

(1)全自动电光分析天平	1台
(2)称量瓶	1只
(3)容量瓶(250 mL)	1只
(4)称液管(25 mL)	1支
(5)酸式滴定管(50 mL)	1支
(6)锥形瓶(250 mL)	3只
(7)烧杯(250 mL)	2只
(8)洗瓶	1只

三、测定步骤

准确称取 1.3～1.5 g 工业碳酸钠试样(准确至 0.0001 g)于 250 mL 烧杯中,加入蒸馏水溶解后(可适当加热溶解完全),称入 250 mL 容量瓶中,稀释至刻度。用称液管吸取 25.00 mL 试液放于锥形瓶中,加入 1～2 滴甲基橙指示剂,用 0.1000 mol/L HCl 标准溶液滴定至溶液由黄色变为橙色。平行测定 3 次。

四、计算

总碱的质量分数,以 Na_2CO_3 表示。

$$\omega(Na_2CO_3)=\frac{c(HCl)\times V(HCl)\times 0.05300}{m\times\frac{25.00}{250}}\times 100\%$$

式中,c(HCl)为 HCl 标准溶液的质量浓度,mol/L;V(HCL)为消耗 HCl 标准溶液的体积,mL;m 为试样的质量,g。

混合物中草酸和草酸钠含量的测定

一、试剂和材料

硫酸	(8+92) mL
酚酞指示剂	10 g/L
氢氧化钠标准溶液	0.1000 mol/L
高锰酸钾标准溶液	0.1000 mol/L

二、分析步骤

准确称取 1.8～2.0 g(精确至 0.0002 g),放于 250 mL 的烧杯中,加入 50 mL 水溶解,转移至 250 mL 的容量瓶中,用水稀释至刻度,摇匀。此为溶液 A。

(1)草酸含量的测定

用移液管吸取样品溶液(A)25.00 mL,放于 250 mL 锥形瓶中,加入 50 mL 水,加 2 滴酚酞指示剂,用 0.1000 mol/L NaOH 标准溶液滴定至溶液呈粉红色为终点,记下 V_1。

(2)草酸钠含量的测定

用移液管吸取样品溶液(A)25.00 mL,放于 250 mL 烧杯中,加入 100 mL 硫酸溶液(8+92 mL),加热至 75 ℃,立即用 0.1000 mol/L $KMnO_4$ 标准溶液滴定至溶液呈粉红色,并保持 30 s 不褪色为终点,记下 V_2。

三、数据的记录与结果的处理

(1)混合物中草酸质量分数 X_1(%)按下式计算：

$$X_1=\frac{V_1\times C_1\times 0.04500}{m\times\frac{25.00}{250}}\times 100\%$$

式中,V_1 为滴定消耗氢氧化钠标准溶液的体积(mL);C_1 为氢氧化钠标准液实际浓度(mol/L);m 为称取试样的质量(g)。

(2)混合物中草酸钠质量分数 X_2(%)按下式计算

$$X_2=\frac{(V_2C_2-V_2C_1)\times 0.06700}{m\times\frac{25.00}{250}}\times 100\%$$

式中,V_2 为滴定消耗草酸钠标准溶液的体积(mL);C_2 为草酸钠标准溶液实际浓度(mol/L)。

工业用水中微量铁含量的测定(邻菲啰啉法)

一、仪器

(1)721 或 723 分光光度计	1 台
(2)容量瓶(50 mL)	6 只
(3)烧杯(100 mL)	2 只
(4)刻度吸量管(10 mL)	1 支
(5 mL)	3 支
(1 mL)	1 支
(5)吸耳球	1 只

二、试剂

(1)0.01mg/mL 铁标准溶液

(2)10%盐酸羟胺溶液

(3)0.1%邻菲啰啉溶液

(4)乙酸-乙酸钠缓冲溶液

三、步骤

(1)依次吸取铁标准溶液 0.00、1.00、3.00、5.00、7.00,放于 50 mL 容量瓶中,加入 1 mL 10%盐酸羟胺溶液、5 mL 乙酸-乙酸钠缓冲溶液及 5 mL 0.1%邻菲啰啉溶液,加蒸馏水稀释至刻度,摇匀,静置 15 min,即组成铁标准系列溶液,用 721 或 723 分光光度计选择波长在 510 nm 处测定吸光度。

(2)根据测定出的吸光度及溶液的浓度,绘制出标准曲线。

(3)样品的配制及测定:准确移取 5.00 mL 的待测试样,放于 50 mL 容量瓶中,加入 1 mL 10%盐酸羟胺溶液、5 mL 乙酸-乙酸钠缓冲溶液及 5 mL 0.1%邻菲啰啉溶液,加蒸馏水稀释至刻度,摇匀,静置 15 min。用 721 或 723 分光光度计选择波长在 510 nm 处测定吸光度(以空白试液作参比液)。

四、计算

$$Fe^{2+}(\mu g/mg)=\frac{X_1\times 50}{V_{样}}$$

五、数据记录与结果计算

样品编号						试样	
0.01 mg/mL 铁标准溶液的体积							
铁标准溶液的浓度							
波长							
吸光度							
根据吸光度绘制出其坐标图并计算出试样中微量铁的含量(附坐标图)							
铁含量的计算公式:							

附录六　一般化学试剂的规格

常用化学试剂规格和标准

中文名称	英文简称	英文全称
优级纯试剂	GR	Guaranteed reagent
分析纯试剂	AR	Analytical reagent
化学纯试剂	CP	Chemical pure
实验试剂	LR	Laboratory reagent
超纯试剂	UP	Ultra pure
生化试剂	BC	Biochemical
光谱纯	SP	Spectrum pure
气相色谱	GC	Gas chromatography
指示剂	Ind	Indicator
层析用	FCP	For chromatography purpose
工业用	Tech	Technical grade

特殊用途试剂规格

中文名称	英文简称
特纯	EP
分析用	PA
合成	FS
基准	PT
生物试剂	BR
分光纯	UV
红外吸收	IR
液相色谱	LC
核磁共振	NMR

附录七　常用缓冲溶液的配制方法

1. 甘氨酸-盐酸缓冲液(0.05 mol/L)

X mL 0.2 mol/L 甘氨酸+Y mL 0.2 mol/L HCl,再加水稀释至 200 mL。

pH 值	X	Y	pH 值	X	Y
2.0	50	44.0	3.0	50	11.4
2.4	50	32.4	3.2	50	8.2
2.6	50	24.2	3.4	50	6.4
2.8	50	16.8	3.6	50	5.0

甘氨酸分子量 = 75.07,0.2 mol/L 溶液含甘氨酸 15.01 mol/L。

2. 邻苯二甲酸-盐酸缓冲液(0.05 mol/L)

X mL 0.2 mol/L 邻苯二甲酸氢钾 + Y 0.2 mol/L HCl,再加水稀释到 20 mL。

pH 值(20 ℃)	X	Y	pH 值(20 ℃)	X	Y
2.2	5	4.070	3.2	5	1.470
2.4	5	3.960	3.4	5	0.990
2.6	5	3.295	3.6	5	0.597
2.8	5	2.642	3.8	5	0.263
3.0	5	2.022			

邻苯二甲酸氢钾分子量=204.23,0.2 mol/L 溶液含邻苯二甲酸氢钾 40.85 mol/L。

3. 磷酸氢二钠-柠檬酸缓冲液

pH 值	0.2 mol/L Na_2HPO_4 /mL	0.1 mol/L 柠檬酸 /mL	pH 值	0.2 mol/L Na_2HPO_4 /mL	0.1 mol/L 柠檬酸 /mL
2.2	0.40	10.60	5.2	10.72	9.28
2.4	1.24	18.76	5.4	11.15	8.85
2.6	2.18	17.82	5.6	11.60	8.40
2.8	3.17	16.83	5.8	12.09	7.91
3.0	4.11	15.89	6.0	12.63	7.37
3.2	4.94	15.06	6.2	13.22	6.78
3.4	5.70	14.30	6.4	13.85	6.15
3.6	6.44	13.56	6.6	14.55	5.45
3.8	7.10	12.90	6.8	15.45	4.55
4.0	7.71	12.29	7.0	16.47	3.53
4.2	8.28	11.72	7.2	17.39	2.61

续表

pH 值	0.2 mol/L Na_2HPO_4 /mL	0.1 mol/L 柠檬酸 /mL	pH 值	0.2 mol/L Na_2HPO_4 /mL	0.1 mol/L 柠檬酸 /mL
4.4	8.82	11.18	7.4	18.17	1.83
4.6	9.35	10.65	7.6	18.73	1.27
4.8	9.86	10.14	7.8	19.15	0.85
5.0	10.30	9.70	8.0	19.45	0.55

Na_2HPO_4 分子量 = 14.98，0.2 mol/L 溶液含其 28.40 mol/L。

$Na_2HPO_4 \cdot 2H_2O$ 分子量 = 178.05，0.2 mol/L 溶液含其 35.01 mol/L。

$C_4H_2O_7 \cdot H_2O$ 分子量 = 210.14，0.1 mol/L 溶液含其 21.01 mol/L。

4. 柠檬酸-氢氧化钠-盐酸缓冲液

pH 值	钠离子浓度 /(mol/L)	柠檬酸 $C_6H_8O_7 \cdot H_2O$/g	氢氧化钠 NaOH 97%/g	盐酸 HCl(浓)/mL	最终体积/L①
2.2	0.20	210	84	160	10
3.1	0.20	210	83	116	10
3.3	0.20	210	83	106	10
4.3	0.20	210	83	45	10
5.3	0.35	245	144	68	10
5.8	0.45	285	186	105	10
6.5	0.38	266	156	126	10

①使用时可以每升中加入 1 g 酚，若最后 pH 值有变化，再用少量 50% 氢氧化钠溶液或浓盐酸调节，冰箱保存。

5. 柠檬酸-柠檬酸钠缓冲液(0.1 mol/L)

pH 值	0.1 mol/L 柠檬酸 /mL	0.1 mol/L 柠檬酸钠 /mL	pH 值	0.1 mol/L 柠檬酸 /mL	0.1 mol/L 柠檬酸钠 /mL
3.0	18.6	1.4	5.0	8.2	11.8
3.2	17.2	2.8	5.2	7.3	12.7
3.4	16.0	4.0	5.4	6.4	13.6
3.6	14.9	5.1	5.6	5.5	14.5
3.8	14.0	6.0	5.8	4.7	15.3
4.0	13.1	6.9	6.0	3.8	16.2
4.2	12.3	7.7	6.2	2.8	17.2
4.4	11.4	8.6	6.4	2.0	18.0
4.6	10.3	9.7	6.6	1.4	18.6
4.8	9.2	10.8			

柠檬酸($C_4H_2O_7 \cdot H_2O$)分子量为 210.14，0.1 mol/L 溶液含其 21.01 mol/L。

柠檬酸钠 $Na_3C_6H_5O_7 \cdot 2H_2O$ 分子量为 294.12，0.1 mol/L 溶液含其 29.41 mol/L。

6. 乙酸-乙酸钠缓冲液(0.2 mol/L)

pH 值 (18 ℃)	0.2 mol/L Na_2Ac/mL	0.3 mol/L HAc/mL	pH 值 (18 ℃)	0.2 mol/L Na_2Ac/mL	0.3 mol/L HAc/mL
2.6	0.75	9.25	4.8	5.90	4.10
3.8	1.20	8.80	5.0	7.00	3.00
4.0	1.80	8.20	5.2	7.90	2.10
4.2	2.65	7.35	5.4	8.60	1.40
4.4	3.70	6.30	5.6	9.10	0.90
4.6	4.90	5.10	5.8	9.40	0.60

$Na_2Ac \cdot 3H_2O$ 分子量 = 136.09,0.2 mol/L 溶液含其 27.22 mol/L。

7. 磷酸盐缓冲液

(1)磷酸氢二钠-磷酸二氢钠缓冲液(0.2 mol/L)

pH 值	0.2 mol/L Na_2HPO_4/mL	0.2 mol/L NaH_2PO_4/mL	pH 值	0.2 mol/L Na_2HPO_4/mL	0.2 mol/L NaH_2PO_4/mL
5.8	8.0	92.0	7.0	61.0	39.0
5.9	10.0	90.0	7.1	67.0	33.0
6.0	12.3	87.7	7.2	72.0	28.0
6.1	15.0	85.0	7.3	77.0	23.0
6.2	18.5	81.5	7.4	81.0	19.0
6.3	22.5	77.5	7.5	84.0	16.0
6.4	26.5	73.5	7.6	87.0	13.0
6.5	31.5	68.5	7.7	89.5	10.5
6.6	37.5	62.5	7.8	91.5	8.5
6.7	43.5	56.5	7.9	93.0	7.0
6.8	49.5	51.0	8.0	94.7	5.3
6.9	55.0	45.0			

$Na_2HPO_4 \cdot 2H_2O$ 分子量 = 178.05,0.2 mol/L 溶液含其 85.61 mol/L。

$Na_2HPO_4 \cdot 12H_2O$ 分子量 = 358.14,0.2 mol/L 溶液含其 71.628 mol/L。

$NaH_2PO_4 \cdot 2H_2O$ 分子量 = 156.01,0.2 mol/L 溶液含其 31.202 mol/L。

磷酸盐是生物化学研究中使用最广泛的一种缓冲剂,由于它们是二级解离,有两个 pKa 值,所以用它们配制的缓冲液 pH 值范围最宽:NaH_2PO_4 : pKa1=2.12,pKa2=7.21;Na_2HPO_4 : pKa1=7.21,pKa2=12.32。

配酸性缓冲液:用 NaH_2PO_4,pH 值范围为 1~4。

配中性缓冲液:用混合的两种磷酸盐,pH 值范围为 6~8。

配碱性缓冲液:用 Na_2HPO_4,pH 值范围为 10~12。

用钾盐比钠盐效果好,因为低温时钠盐难溶,钾盐易溶,但若配制 SDS-聚丙烯酰胺凝胶电泳的缓冲液时，只能用磷酸钠而不能用磷酸钾，因为SDS(十二烷基硫酸钠)会与钾盐生成难溶的十二烷基硫酸钾。

磷酸盐缓冲液的优点为：①容易配制成各种浓度的缓冲液；②适用的pH值范围；③pH值受温度的影响小；④缓冲液稀释后pH值变化小，如稀释10倍后pH值的变化小于0.1。其缺点为：①易与常见的Ca^{2+}离子、Mg^{2+}离子以及重金属离子缔合生成沉淀；②会抑制某些生物化学过程，如对某些酶的催化作用会产生某种程度的抑制作用。

(2)磷酸氢二钠-磷酸二氢钾缓冲液(1/15 mol/L)

pH值	1/15 mol/L Na_2HPO_4/mL	1/15 mol/L KH_2PO_4/mL	pH值	1/15 mol/L Na_2HPO_4/mL	1/15 mol/L KH_2PO_4/mL
4.92	0.10	9.90	7.17	7.00	3.00
5.29	0.50	9.50	7.38	8.00	2.00
5.91	1.00	9.00	7.73	9.00	1.00
6.24	2.00	8.00	8.04	9.50	0.50
6.47	3.00	7.00	8.34	9.75	0.25
6.64	4.00	6.00	8.67	9.90	0.10
6.81	5.00	5.00	8.18	10.00	0.00
6.98	6.00	4.00			

$Na_2HPO_4 \cdot 2H_2O$ 分子量 = 178.05，1/15 mol/L溶液含其11.876 mol/L。

KH_2PO_4 分子量 = 136.09，1/15 mol/L溶液含其9.078 mol/L。

8. 磷酸二氢钾-氢氧化钠缓冲液(0.05 mol/L)

X mL 0.2 mol/L K_2PO_4 + Y mL 0.2 mol/L NaOH加水稀释至29 mL。

pH值(20 ℃)	X/mL	Y/mL	pH值(20 ℃)	X/mL	Y/mL
5.8	5	0.372	7.0	5	2.963
6.0	5	0.570	7.2	5	3.500
6.2	5	0.860	7.4	5	3.950
6.4	5	1.260	7.6	5	4.280
6.6	5	1.780	7.8	5	4.520
6.8	5	2.365	8.0	5	4.680

9. 巴比妥钠-盐酸缓冲液(18 ℃)

pH值	0.04 mol/L巴比妥钠溶液	0.2 mol/L盐酸/mL	pH值	0.04 mol/L巴比妥钠溶液/mL	0.2 mol/L盐酸/mL
6.8	100	18.4	8.4	100	5.21
7.0	100	17.8	8.6	100	3.82
7.2	100	16.7	8.8	100	2.52

续表

pH 值	0.04 mol/L 巴比妥钠溶液	0.2 mol/L 盐酸/mL	pH 值	0.04 mol/L 巴比妥钠溶液/mL	0.2 mol/L 盐酸/mL
7.4	100	15.3	9.0	100	1.65
7.6	100	13.4	9.2	100	1.13
7.8	100	11.47	9.4	100	0.70
8.0	100	9.39	9.6	100	0.35
8.2	100	7.21			

巴比妥钠盐分子量=206.18;0.04 mol/L 溶液含其 8.25 mol/L。

10. Tris-盐酸缓冲液(0.05 mol/L,25 ℃)

50 mL 0.1 mol/L 三羟甲基氨基甲烷(Tris)溶液与 X mL 0.1 mol/L 盐酸混匀后,加水稀释至 100 mL。

pH 值	X/mL	pH 值	X/mL
7.10	45.7	8.10	26.2
7.20	44.7	8.20	22.9
7.30	43.4	8.30	19.9
7.40	42.0	8.40	17.2
7.50	40.3	8.50	14.7
7.60	38.5	8.60	12.4
7.70	36.6	8.70	10.3
7.80	34.5	8.80	8.5
7.90	32.0	8.90	7.0
8.00	29.2		

三羟甲基氨基甲烷 $HOCH_2CH_2OHCHOCH_2NH_2$ 分子量=121.14,0.11 mol/L 溶液含其 12.114 mol/L。Tris 溶液可从空气中吸收二氧化碳,使用时注意将瓶盖严。

11. 硼酸-硼砂缓冲液(0.2 mol/L 硼酸根)

pH 值	0.05 mol/L 硼砂/mL	0.2 mol/L 硼酸/mL	pH 值	0.05 mol/L 硼砂/mL	0.2 mol/L 硼酸/mL
7.4	1.0	9.0	8.2	3.5	6.5
7.6	1.5	8.5	8.4	4.5	5.5
7.8	2.0	8.0	8.7	6.0	4.0
8.0	3.0	7.0	9.0	8.0	2.0

硼砂 $Na_2B_4O_7 \cdot 10H_2O$ 分子量=381.37,0.05 mol/L 溶液(=0.2 M 硼酸根)含其 19.07 mol/L。

硼酸 H_3BO_3 分子量=61.83,0.2 mol/L 溶液含其 12.37 mol/L。

硼砂易失去结晶水，必须在带塞的瓶中保存。

12. 甘氨酸-氢氧化钠缓冲液(0.05 mol/L)

X mL 0.2 mol/L 甘氨酸＋Y mL 0.2 mol/L NaOH 加水稀释至 200 mL。

pH 值	X	Y	pH 值	X	Y
8.6	50	4.0	9.6	50	22.4
8.8	50	6.0	9.8	50	27.2
9.0	50	8.8	10.0	50	32.0
9.2	50	12.0	10.4	50	38.6
9.4	50	16.8	10.6	50	45.5

甘氨酸分子量＝75.07，0.2 mol/L 溶液含其 15.01 mol/L。

13. 硼砂-氢氧化钠缓冲液(0.05 mol/L 硼酸根)

X mL 0.05 mol/L 硼砂＋Y mL 0.2 mol/L NaOH 加水稀释至 200 mL。

pH 值	X	Y	pH 值	X	Y
9.3	50	6.0	9.8	50	34.0
9.4	50	11.0	10.0	50	43.0
9.6	50	23.0	10.1	50	46.0

硼砂 $Na_2B_4O_7 \cdot 10H_2O$ 分子量＝381.43，0.05 mol/L 溶液含其 19.07 mol/L。

14. 碳酸钠-碳酸氢钠缓冲液(0.1 mol/L)

Ca^{2+}、Mg^{2+} 存在时不得使用。

pH 值		0.1 mol/L Na_2CO_3/mL	0.1 mol/L N_2HCO_3/mL
20 ℃	37 ℃		
9.16	8.77	1	9
9.40	9.12	2	8
9.51	9.40	3	7
9.78	9.50	4	6
9.90	9.72	5	5
10.14	9.90	6	4
10.28	10.08	7	3
10.53	10.28	8	2
10.83	10.57	9	1

$Na_2CO_2 \cdot 10H_2O$ 分子量＝286.2，0.1 mol/L 溶液含其 28.62 mol/L。

N_2HCO_3 分子量＝84.0，0.1 mol/L 溶液含其 8.40 mol/L。

15．"PBS"缓冲液

pH 值	7.6	7.4	7.2	7.0
H_2O/mL	1000	1000	1000	1000
NaCl/g	8.5	8.5	8.5	8.5
Na_2HPO_4/g	2.2	2.2	2.2	2.2
NaH_2PO_4/g	0.1	0.2	0.3	0.4

16．pH 值标准缓冲溶液

名称	配制方法	不同温度时的 pH 值								
草酸盐标准缓冲溶液	$c[KH_3(C_2O_4)_2 \cdot 2H_2O]$为0.05 mol/L。称取12.71 g四草酸钾$[KH_3(C_2O_4)_2 \cdot 2H_2O]$溶于无二氧化碳的水中，稀释至1000 mL	0 ℃	5 ℃	10 ℃	15 ℃	20 ℃	25 ℃	30 ℃	35 ℃	40 ℃
		1.67	1.67	1.67	1.67	1.68	1.68	1.69	1.69	1.69
		45 ℃	50 ℃	55 ℃	60 ℃	70 ℃	80 ℃	90 ℃	95 ℃	—
		1.70	1.71	1.72	1.72	1.74	1.77	1.79	1.81	—
酒石酸盐标准缓冲溶液	在25 ℃时，用无二氧化碳的水溶解外消旋的酒石酸氢钾$(KHC_4H_4O_6)$，并剧烈振摇至成饱和溶液	0 ℃	5 ℃	10 ℃	15 ℃	20 ℃	25 ℃	30 ℃	35 ℃	40 ℃
		—	—	—	—	—	3.56	3.55	3.55	3.55
		45 ℃	50 ℃	55 ℃	60 ℃	70 ℃	80 ℃	90 ℃	95 ℃	—
		3.55	3.55	3.55	3.56	3.58	3.61	3.65	3.67	—
苯二甲酸氢盐标准缓冲溶液	$c(C_6H_4CO_2HCO_2K)$为0.05 mol/L，称取于(115.0±5.0) ℃干燥2～3 h的邻苯二甲酸氢钾$(KHC_8H_4O_4)$ 10.21 g，溶于无CO_2的蒸馏水，并稀释至1000 mL(注：可用于酸度计校准)	0 ℃	5 ℃	10 ℃	15 ℃	20 ℃	25 ℃	30 ℃	35 ℃	40 ℃
		4.00	4.00	4.00	4.00	4.00	4.01	4.01	4.02	4.04
		45 ℃	50 ℃	55 ℃	60 ℃	70 ℃	80 ℃	90 ℃	95 ℃	—
		4.05	4.06	4.08	4.09	4.13	4.16	4.21	4.23	—
磷酸盐标准缓冲溶液	分别称取在(115.0±5.0) ℃干燥2～3 h的磷酸氢二钠(Na_2HPO_4)(3.53±0.01) g和磷酸二氢钾(KH_2PO_4)(3.39±0.01) g，溶于预先煮沸过15～30 min并迅速冷却的蒸馏水中，并稀释至1000 mL(注：可用于酸度计校准)	0 ℃	5 ℃	10 ℃	15 ℃	20 ℃	25 ℃	30 ℃	35 ℃	40 ℃
		6.98	6.95	6.92	6.90	6.88	6.86	6.85	6.84	6.84
		45 ℃	50 ℃	55 ℃	60 ℃	70 ℃	80 ℃	90 ℃	95 ℃	—
		6.83	6.83	6.83	6.84	6.85	6.86	6.88	6.89	—
硼酸盐标准缓冲溶液	称取硼砂$(Na_2B_4O_7 \cdot 10H_2O)$(3.80± 0.01) g(注意：不能烘！)，溶于预先煮沸过15～30 min并迅速冷却的蒸馏水中，并稀释至1000 mL。置聚乙烯塑料瓶中密闭保存。存放时要防止空气中CO_2的进入(注：可用于酸度计校准)	0 ℃	5 ℃	10 ℃	15 ℃	20 ℃	25 ℃	30 ℃	35 ℃	40 ℃
		9.46	9.40	9.33	9.27	9.22	9.18	9.14	9.10	9.06
		45 ℃	50 ℃	55 ℃	60 ℃	70 ℃	80 ℃	90 ℃	95 ℃	—
		9.04	9.01	8.99	8.96	8.92	8.89	8.85	8.83	—

续表

名称	配制方法	不同温度时的 pH 值								
氢氧化钙标准缓冲溶液	在 25 ℃，用无二氧化碳的蒸馏水制备氢氧化钙的饱和溶液。氢氧化钙溶液的浓度 $c[1/2Ca(OH)_2]$ 应在 0.0400 ～ 0.0412 mol/L。氢氧化钙溶液的浓度可以酚红为指示剂，用盐酸标准溶液[c(HCl)＝0.1 mol/L]滴定测出。存放时要防止空气中二氧化碳的进入。出现混浊应弃去重新配制	0 ℃	5 ℃	10 ℃	15 ℃	20 ℃	25 ℃	30 ℃	35 ℃	40 ℃
		13.42	13.21	13.00	12.81	12.63	12.45	12.30	12.14	11.98
		45 ℃	50 ℃	55 ℃	60 ℃	70 ℃	80 ℃	90 ℃	95 ℃	—
		11.84	11.71	11.57	11.45	—	—	—	—	—

注：为保证 pH 值的准确度，上述标准缓冲溶液必须使用 pH 值基准试剂配制。

17. 常用 pH 值缓冲溶液的配制和 pH 值

序号	溶液名称	配制方法	pH 值
1	氯化钾-盐酸	13.0 mL 0.2 mol/L HCl 与 25.0 mL 0.2 mol/L KCl 混合均匀后，加水稀释至 100 mL	1.7
2	氨基乙酸-盐酸	在 500 mL 水中溶解氨基乙酸 150 g，加 480 mL 浓盐酸，再加水稀释至 1 L	2.3
3	一氯乙酸-氢氧化钠	在 200 mL 水中溶解 2 g 一氯乙酸后，加 40 g NaOH，溶解完全后再加水稀释至 1 L	2.8
4	邻苯二甲酸氢钾-盐酸	把 25.0 mL 0.2 mol/L 的邻苯二甲酸氢钾溶液与 6.0 mL 0.1 mol/L HCl 混合均匀，加水稀释至 100 mL	3.6
5	邻苯二甲酸氢钾-氢氧化钠	把 25.0 mL 0.2 mol/L 的邻苯二甲酸氢钾溶液与 17.5 mL 0.1 mol/L NaOH 混合均匀，加水稀释至 100 mL	4.8
6	六亚甲基四胺-盐酸	在 200 mL 水中溶解六亚甲基四胺 40 g，加浓 HCl 10 mL，再加水稀释至 1 L	5.4
7	磷酸二氢钾-氢氧化钠	把 25.0 mL 0.2 mol/L 的磷酸二氢钾与 23.6 mL 0.1 mol/L NaOH 混合均匀，加水稀释至 100 mL	6.8
8	硼酸-氯化钾-氢氧化钠	把 25.0 mL 0.2 mol/L 的硼酸-氯化钾与 4.0 mL 0.1 mol/L NaOH 混合均匀，加水稀释至 100 mL	8.0
9	氯化铵-氨水	把 0.1 mol/L 氯化铵与 0.1 mol/L 氨水以 2∶1 比例混合均匀	9.1
10	硼酸-氯化钾-氢氧化钠	把 25.0 mL 0.2 mol/L 的硼酸-氯化钾与 43.9 mL 0.1 mol/L NaOH 混合均匀，加水稀释至 100 mL	10.0
11	氨基乙酸-氯化钠-氢氧化钠	把 49.0 mL 0.1 mol/L 氨基乙酸-氯化钠与 51.0 mL 0.1 mol/L NaOH 混合均匀	11.6
12	磷酸氢二钠-氢氧化钠	把 50.0 mL 0.05 mol/L Na_2HPO_4 与 26.9 mL 0.1 mol/L NaOH 混合均匀，加水稀释至 100 mL	12.0
13	氯化钾-氢氧化钠	把 25.0 mL 0.2 mol/L KCl 与 66.0 mL 0.2 mol/L NaOH 混合均匀，加水稀释至 100 mL	13.0

附录八　常用分子生物学工具酶

一、基本概念

基因工程：在人工可以控制的条件下，将基因剪切或重新组合，再导入另一生物体，使这些基因在其中表达并遗传下去的一门技术。核心是对基因进行人工切割、连接和重新组合，构建重组 DNA。

工具酶：在基因工程的重组 DNA 过程中所需要用到的酶的统称。

限制性切酶是从原核生物中发现的，约 600 种，可识别 108 种不同的特定 DNA 顺序。这种酶能对在自身细胞存在的 DNA 种类给予限制，故称之为限制性切酶。它以切方式水解核酸链中的磷酸二酯键，产生 DNA 片段的 5'端为 P，3'端为-OH。命名根据获得该酶的细菌属名的第一个字母（大写）＋该菌种名的前两个字母（小写）＋株系的字母（大写）或数字＋罗马数字（同一株菌种不同切酶的编号）确定。如下所示。

细菌属名	细菌种名	菌株名称	限制性切酶名称
Arthrobacter	*luteus*		Alu
Escherichia	*coli*	RY13	EcoR
Bacillus	*amyloliquefaciens*	H	BamH
Haemophilus	*influenzae*	Rd	HinR

限制性切酶的主要功能是对外源性的双链 DNA 进行切割、水解，不允许外源性 DNA 存在于细菌自身细胞。

限制-修饰系统：指合成限制性切酶的细胞。其自身的 DNA 不受酶的切割，这是因为细菌细胞还会合成一种修饰酶，可以对自身 DNA 进行修饰，即改变 DNA 原来具有的可以被限制性切酶识别的核酸顺序结构，从而不被限制性切酶识别与切割、水解，是保护自身遗传物质稳定的机制。

二、常用工具酶

（一）三种常用切酶

1. Ⅰ型限制性切酶

该酶同时兼有切割 DNA 的功能和修饰酶的修饰功能。

在酶的识别位点上，若 DNA 两条链菌没有发生甲基化，则行使切酶的功能，对 DNA 进行切割，同时转变成 ATP 酶（三磷酸腺苷酶）。若 DNA 双链中有一条链已发生甲基化，则此类酶表现出修饰酶的作用，对另一条 DNA 进行甲基化修饰，然后再行使切割功能（实际上有切酶、修饰酶、ATP 酶与解旋酶四种功能）。

Ⅰ型限制性切酶在 DNA 链上的识别位点和切割位点不一致，也不固定，没有实际应用价值。DNA 甲基化是 DNA 化学修饰的一种形式，能在不改变 DNA 序列的前提下，改变遗传表现（外遗传机制），多发生于 CpG 二核苷序列上（在甲基转移酶的催化下，DNA 的 CG 两个核苷酸中的胞嘧啶被选择性添加甲基，形成 5-甲基胞嘧啶）。甲基化位点可随 DNA 的复制而遗传（DNA 复制后，甲基化酶可将新合成的未甲基化的位点进行甲基化）。DNA 甲基化可引起基因组中相应区域染色质结构变化，使 DNA 失去限制性切酶的切割位点与 DNA 酶的敏感位点，使染色质高度螺旋化，凝缩成团，失去转录活性。

2. Ⅱ型限制性切酶

该酶也具有限制-修饰系统，但由限制酶和修饰酶这两种不同的酶共同来执行这一系统的功能。即Ⅱ型限制性切酶有在识别位点的切割功能，但不具备甲基化修饰活性，修饰作用由相应的修饰酶完成。两种酶识别同一 DNA 特定序列，却发挥不同作用。

能识别双链 DNA 的特异顺序，并在该顺序的固定位置上进行切割，产生特异的 DNA 片段。

Ⅱ型限制性切酶的识别位点和切割位点是专一和固定的，对相同基因片段的切割总是得到同样核苷酸顺序的小 DNA 片段。这些切割后的不同大小的 DNA 片段可以与同一切酶切割后的来源不同的其他 DNA 片段实行连接，进而构建重组 DNA。这是基因工程技术的核心。

Ⅱ型限制性切酶识别专一核苷酸顺序最常见的是 4～6 个碱基对。

Ⅱ型限制性切酶的识别顺序是回文对称顺序（反转重复顺序），具有 180°的旋转对称性。识别顺序有一个中心对称轴，从这个轴朝两个方向的读序都是相同的。这类酶切割 DNA 可有两种形式。

（1）交错切割方式：

如：

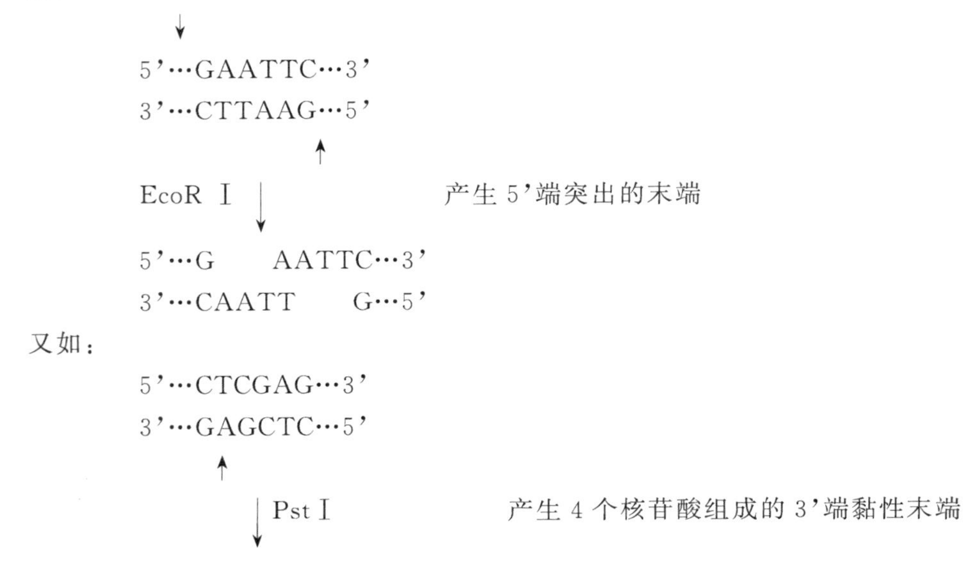

5’…CTCGA　G…3’

3’…G　AGCTC…5’

每种酶切割后各产生两个 DNA 片段，每一个片段各含有一个单链末端，单链末端是互补的，可以通过形成“氢键”而黏合。

不同来源的两条 DNA 片段经同一种酶切割后，产生互补的黏性末端，通过选择适宜的 DNA，可将两条异源性 DNA 片段组合在一起。这是重组 DNA 的最基本原理。

用选择专一性不同而产生相同黏性末端的两种酶切割两条不同的 DNA 片段，可使重组后的 DNA 片段不再被原来的酶所切割。

如：Sal I 酶切割后产生的黏性末端 5’…G / 3’…CAGCT，Xho I 酶切割后产生的黏性末端 TCGAG…3’ / C…5’，两者经连接酶连接产生的序列 5’…GTCGAG…3’ / 3’…CAGCTC…5’，既不被 Sal I 酶切割，也不被 Xho I 酶切割。这个性质在质粒改造上很有用。

(2)在同一位置上切割 DNA 双链，产生平头末端。

如：

↓

5’…GGCC…3’

3’…CCGG…5’

↑

↓ Hea III 酶

5’…GG　CC…3’

3’…CC　GG…5’

3. Ⅲ型限制性切酶

该酶具有切酶和甲基化修饰酶作用。

具有专一的识别顺序，其切割位点在识别顺序旁边的几个核苷酸对的固定位置上，可识别短的不对称序列，切割位点与识别序列约距 24～26 bp。

(二)其他类型切酶

(1)同工酶(Boschizomer)：指来源不同的两种Ⅱ型切酶，它们识别核苷酸的顺序与切割位点都相同，差别只在于当识别核苷酸序列中有甲基化的核苷酸时，一种切酶可以切割，而另一种不能。

如：Hpa II 和 Msp I 识别顺序都是 5’…CCGG…3’，若其中有 5-甲基胞嘧啶，则只有 Msp 酶可切割(GGmCC)。

(2)Subset 酶：指识别顺序与切割位点相互有关的酶，互称 Subset 酶。

如：Sam I 酶所识别的 6 个核苷酸顺序中含有 Hpa II 酶识别的 4 个核苷酸顺序，所以这两个酶可以相互代替使用，它们所切割的 DNA 片段可以相互连接。

(3)可变酶(特殊的)：指识别核苷酸顺序一般都大于 6 个，但其中一个或几个核苷酸时可以变化的。

(4)远距离切割酶:指识别核苷酸顺序的位置与切割的位点不一致,一般切割位点与指标核苷酸顺序的位置之间有 10 个核苷酸左右的距离。与Ⅱ型切酶相似,不过识别位点与切割位点的距离更远一些。

(三)甲基化酶(不属于切酶)

指使识别顺序中的某个核苷酸发生甲基化,保护 DNA 不被限制性切酶切开。

M^5C(5-甲基胞嘧啶)大多数以 M^5CpG 的形式存在,即 CpG 岛中的 C 最容易成为甲基化的底物,而甲基化又与受之调控的基因的表达程度有关。因此,研究 CpG 岛的甲基化是研究基因调控的一个重要方向。

当甲基化酶和限制性切酶共同使用时,常常可以使有多个识别位点的切酶只对其中一个识别位点有切割效果,其他位点因被甲基化酶修饰而不能被切割。

如:限制性切酶 Ava^{I} 的识别顺序是 $\begin{matrix}5'\cdots\text{CPyCGPuG}\cdots3'\\3'\cdots\text{GPuGCPyC}\cdots5'\end{matrix}$,Py 可以是任何一种嘧啶,Pu 可以是任何一种嘌呤,因此可以有 4 种识别顺序。如果同时使用甲基化酶 Taq^{I} 和甲基化酶 Hpa^{II},则 Ava^{I} 的识别顺序只能是 5'……CCCGAG……3'。

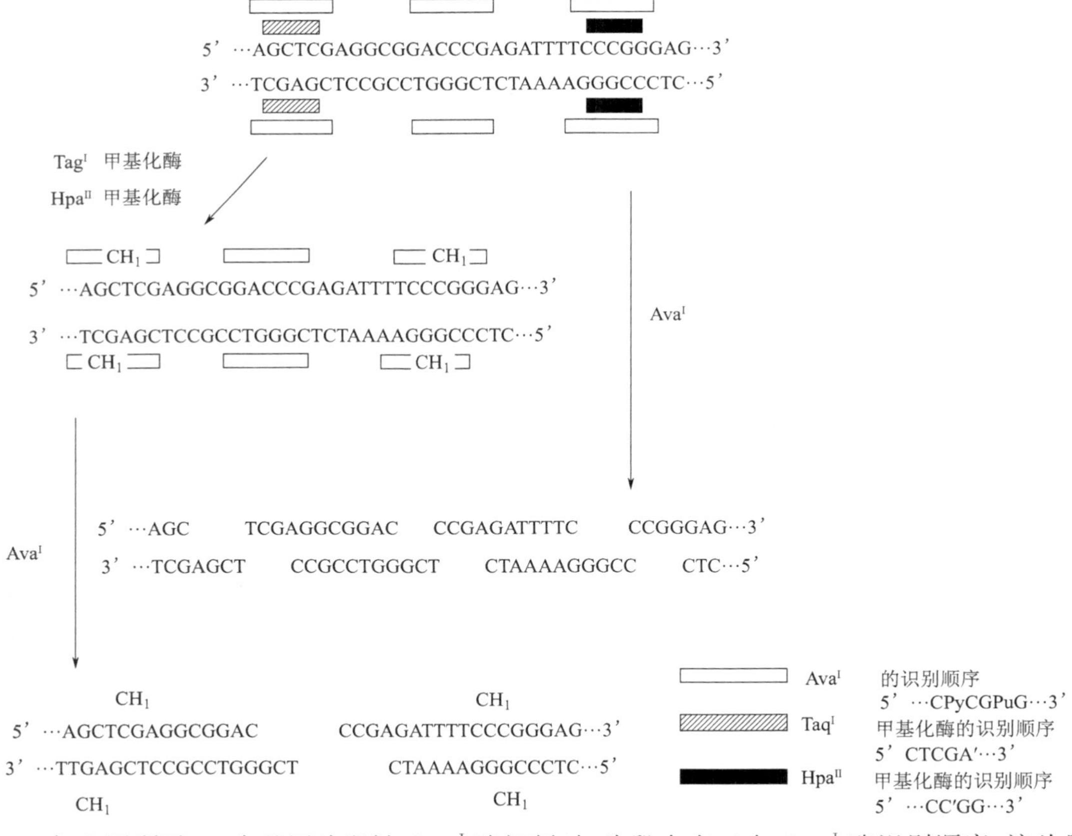

如上图所示,一个基因片段被 Ava^{I} 酶切割时,片段中有三个 Ava^{I} 酶识别顺序,该片段被切割成 4 个片段。但若先用 Taq^{I} 甲基化酶和 Hpa^{II} 甲基化酶作用该片段时,片段中某些核苷酸发生甲基化修饰而不能被切割,再用 Ava^{I} 酶切割时,只能被切割成两个片段。

一甲基化酶对 DNA 的某位点进行甲基化修饰,进而抵御切酶的切割,构建重组质粒。

（四）与切酶相关的概念

1. 酶活性单位与标准反应体系

酶活性单位：在一定温度、pH 值与离子强度下，1 h 完全酶解（切割）特定底物 DNA 所需限制切酶的量。底物 DNA 多用 λ 噬菌体 DNA，可以用某一种酶在 λ 噬菌体 DNA 上的切割位点来推算用这种酶切割这种 DNA 时所需的活性单位。

标准反应体系：指在 50 μL 反应体系与指定温度下，使用特定的缓冲体系，用 1 个活性单位的限制切酶酶解 1 μg 底物 DNA 反应 1 h。若底物比 1 μg 多或少，可参照标准体系按比例增加或减少酶用量。增加酶用量时须注意，不可加量过多。切酶常含有甘油防冻剂，如加入酶量过多，其中的甘油会降低切酶识别顺序的特异性。也可通过延长反应时间来保证完全的酶切。

2. 星号活力

星号活性（star activity）：也称星活性，指同一类限制性内切酶在某些反应条件变化时酶的专一性发生改变，例如酶浓度过高、反应液离子强度过低、pH 值改变、反应液中 Mg^{2+} 被 Mnt 代替有机溶剂影响等，酶切割位点专一性发生改变。这个特性称为星号活性，在酶制剂的包装和产品说明书上注明，以表示区别，提示使用者注意。限制性切酶在非标准反应条件下，切割一些与特异性识别顺序相类似的顺序活性（该酶的第二活性），产生许多不想得到的片段，使切酶的识别切割能力下降，识别特异性下降。

引起星号活力的因素包括：①过高的甘油含量（＞5％）；②低盐离子强度（＜25 mmol/L）；③高 pH 值（8.0）；④含有有机溶剂；⑤含有非 Mg 二价离子；⑥酶量过大（酶解 1 μg 底物 DNA 用的切酶大于 100 个活性单位）。

3. 限制性切酶底物位点优势效应

指限制性切酶对同一 DNA 片段切割时，在对其可以识别的位点上表现出不同的切割速率的现象。

4. 限制性切酶质量

包括以下方面：①有良好的酶活性；②不存在任何其他核酸切酶和外切酶的污染；③长时间的酶切反应不发生识别顺序特异性的降低；④被某一酶切割后的 DNA 经重新连接后，仍能被同一酶再次识别并再次切割。

切酶质量的鉴定：50 μL 反应体系中将等量切酶分别以 1 h 和 12 h（过夜）时间来切割底物 DNA，用凝胶电泳检查酶切结果。若不出现条带数目的差别，则切酶质量好。

在 T_4DNA 连接酶作用下，重新连接被切酶切割后的 DNA 片段，再用同一酶切割，若所产生的 DNA 片段的大小和数目与第一次切割的结果完全一样，则说明酶的质量好，可鉴定是否混有其他切酶和磷酸酯酶。DNA 被切酶切割后，只有各个片段的 3’OH 和 5’P 基团完好才能再次连接，连接的 DNA 仍能提供同一酶的相同切割位点，才会出现上面所说的两个完全相同的结果。

三、DNA 重组常用的其他酶类

（一）DNA 聚合酶（DNA polymerase）

将一个脱氧三磷酸核苷酸加到引物（primer）的 3’-OH 上，再释放出一个焦磷酸分子（PPi）。

1. 大肠杆菌 DNA 聚合酶(*Ecoli* DNApolymerase)聚合酶Ⅰ、Ⅱ、Ⅲ

聚合酶Ⅰ,Ⅱ主要参与 DNA 修复,聚合酶Ⅲ主要参与 DNA 复制。三种酶都有沿模板按 5'→3'方向合成互补 DNA 链的活性和按 3'→5'向的外切酶活性。聚合酶Ⅰ还有 5'→3'向的外切酶活性。

(1)5'→3'聚合酶活性:填补 DNA 链上的缺口,或参与修复 DNA 合成过程中切除 RNA 引物后留下的空缺部分。

(2)3'→5'外切酶活性:消除在聚合作用中掺入的错误核苷酸。

$$\begin{matrix} \overleftarrow{} \\ 5'\cdots CGCATCT \\ 3'\cdots GCG \end{matrix} \xrightarrow[\text{聚合酶Ⅰ}]{Mg^{2+}} \begin{matrix} 5'\cdots CGC \\ 3'\cdots CGC \end{matrix} + \begin{matrix} dAMP \\ dTMP \\ dCMP \end{matrix}$$

(3)5'→3'外切酶活性:切除受损的 DNA 部分。

$$\begin{matrix} 5'\cdots \overrightarrow{C}GCATCTAG\cdots 3' \\ 3'\cdots GCGTAGATC\cdots 5' \end{matrix} \xrightarrow[\text{聚合酶Ⅰ}]{Mg^{2+}} \begin{matrix} 5'\cdots \quad CATCTAG\cdots 3' \\ 3'\cdots GCGTAGATC\cdots 5' \end{matrix} + \begin{matrix} dCMP \\ dGMP \end{matrix}$$

2. Klenow 酶

是大肠杆菌 DNA 聚合酶Ⅰ(109000Da)经舒替兰酶(枯草杆菌蛋白酶)水解获得的 76000Da 片段,具有 5'→3'聚合酶活性和 3'→5'外切酶活性。可用于填补 DNA 单链末端成为双链。可用于合成 cDNA 第二链。若将单核苷酸标记放射性核素,则可使合成的 DNA 双链上带上放射性核素标记。可用此酶通过切口平移来进行探针的放射性核素标记。切口平移指切口产生 3'羟基和 5'磷酸基团,DNA 延伸合成 3'端,5'端被小片段降解,缺口位点沿着双链向 3'端移动,是在体外向 DNA 分子引入放射性标记核苷酸的技术。

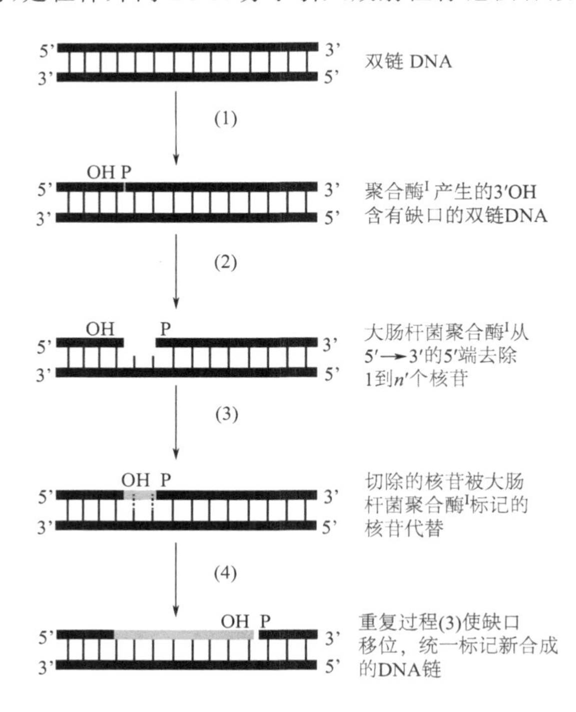

3. 噬菌体 DNA 聚合酶

是 T_4 DNA 聚合酶，也具有 5'→3'聚合酶活性和外切酶活性。外切酶活性比大肠杆菌 DNA 聚合酶外切酶活性强 200 倍，可用于探针的放射性核素标记。

4. 嗜热水生菌 DNA 聚合酶

从嗜热水生菌(*Thermus aquaticus* YT-1)菌株中分离得到。耐热，其中 Taq DNA 聚合酶使用最多。70～75 ℃时生物活性最高。在 75～80 ℃条件下，每个酶蛋白分子每秒可以延长 150 个核苷酸，被广泛应用于体外扩增特异性 DNA 片段的技术。

(二)RNA 聚合酶

RNA 聚合酶(RNA polymerase)是以一条 DNA 链或 RNA 为模板、三磷酸核糖核苷为底物、通过磷酸二酯键聚合的合成 RNA 酶。因为在细胞内与基因 DNA 的遗传信息转录为 RNA 有关，所以也称转录酶。该酶能利用 DNA 为模板，催化四种核糖核苷三磷酸(NTP)底物合成 RNA，需要四种核糖核苷酸三磷酸(NNP：ATP、GTP、CTP、UTP)作为 RNA 聚合酶的底物。二价金属离子 Mg^{2+}、Mn^{2+} 是该酶的必需辅因子。其催化的反应表示为：$(NMP)_n + NTP \rightarrow (NMP)_{n+1} + PPi$。RNA 链的合成方向也是 5'→3'，第一个核苷酸带有 3 个磷酸基。其后每加入一个核苷酸脱去一个焦磷酸，形成磷酸二酯键。焦磷酸迅速水解的能量驱动聚合反应。与 DNA 聚合酶不同，RNA 聚合酶无须引物，它能直接在模板上合成 RNA 链；RNA 聚合酶能够局部解开 DNA 的两条链，所以转录时无须将 DNA 双链完全解开；RNA 聚合酶无校对功能。

聚合酶^{Ⅰ}位于核仁中，转录 rRNA 顺序。聚合酶^{Ⅱ}位于细胞质中，转录大多数基因(蛋白质基因和部分核小 RNA 基因)，转录时需要“TATA”框(酶开始结合的位置，称为启动子，是聚合酶^{Ⅱ}型转录单位特有的)。聚合酶^{Ⅲ}位于细胞核质中，转录 tRNA、5SrRNA 基因等少数几个基因。其中，核质是由单一密闭环状 DNA 分子反复回旋卷曲盘绕组成的松散网状结构，无核膜、核仁。

(三)DNA 连接酶——基因工程常用的工具酶

T_4 DNA 连接酶(T_4 DNA ligase)是 Mg^{2+} 依赖性酶，催化双链 DNA 上具有相邻的 3'羟基和 5'磷酸末端单链缺口的修复，以与具有黏性末端或平端的 DNA 片段端端连接的酶。

DNA 连接既可发生在 DNA 分子之间，也可发生在分子部。高浓度的 DNA 末端有利于分子间连接，低浓度有利于环状 DNA 分子的形成。

DNA 连接酶只能连接双链 DNA 而不能连接单链 DNA。

(四)反转录酶(逆转录酶，reverse transcriptase)

是以 RNA 为模板指导三磷酸脱氧核苷酸合成互补 DNA(cDNA)的酶。需要 Mg^{2+}、Mn^{2+} 作为辅助因子。

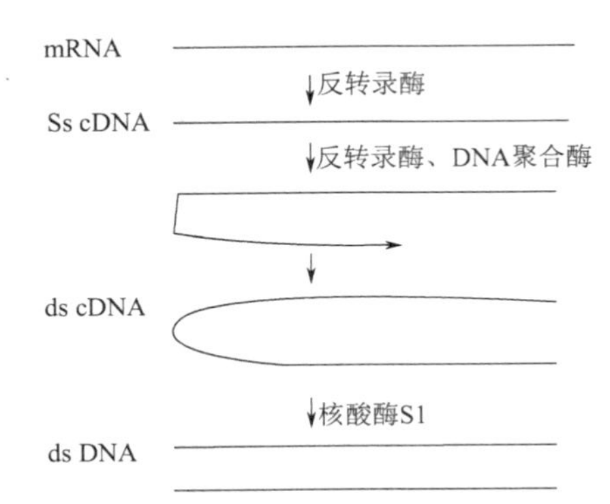

反转录酶可用来把任何基因的 mRNA 反转录成 cDNA 拷贝，然后可大量扩增插入载体后的 DNA，可用来标记 cDNA 作为放射性的分子探针。

（五）内核糖核苷酸酶 A(RNase A，ribnuclease A)

是核酸内切酶。特异地攻击 RNA 上嘧啶残基的 3'端，切割与相邻核苷酸形成的磷酸二酯键，产生 3'-磷酸嘧啶核苷酸和以 3'-磷酸嘧啶核苷酸结尾的寡核苷酸（一类只有 20 个以下碱基的短链核苷酸的总称）。寡核苷酸可以很容易地与它们互补，所以常用作探针确定 DNA 或 RNA 的结构。

高浓度时，可对单链 RNA 的任何位点进行切割；低浓度时，只切割 C 和 U 的位点，可用于检测寡核苷酸片段中是否含有 C 和 U。有显著的细胞毒性。

RNase A 可用于检测基因突变。利用 RNA 探针与突变基因形成 RNA-DNA 杂交体时，突变点处不能产生碱基互补（局部单链）这一特点，用 RNase A 进行切割，切割产物可通过跑变性胶得到分离，可用放射自显影等其他方法检查片段数目与大小，从而推知发生突变的位点。RNA 探针可通过将相应的 DNA 片段克隆至含有 SP6 或 T7 启动子的载体中得到。

在操作 RNA 的实验时一定要戴口罩和手套，因为 RNase A 存在非常广泛，人唾液、汗液中均含有，为避免 RNase 的污染，所用的容器与蒸馏水也都必须经去 RNase 处理。具体用 DEPC 处理：0.1∶100 比例加 DEPC，37 ℃保持 12 h，高温 5 min 除去 DEPC 残留。含 Tris 的溶液不能用 0.1%DEPC 处理，因为 DEPC 会和 Tris 的氨基反应而降解，失去灭活 RNase 的能力。通常可改用 DEPC 处理过的水来配 DEPC，已配好的可用 1%DEPC 处理，不过会有 DEPC 残留。

（六）核糖核酸酶 T1(RNase T1)

核酸切酶特异地攻击鸟苷酸 3'侧的磷酸基团，切割与其相邻核苷酸的 5'-磷酯键，产生 3'-磷酸鸟苷和以 3'-磷酸鸟嘌呤核苷酸结尾的寡核苷酸。

主要用于 RNA 测序和指纹图谱分析，也可和 RNase 合用，以除去样品中 RNA，除去 DNA-RNA 杂交体中杂交体的 RNA 区。

（七）核糖核酸酶 H(RNase H)

核酸切酶水解 RNA-DNA 杂交体中的 RNA 链，产生 5'-磷酸寡核苷酸和 5'-磷酸核糖核苷。

使 RNA 被切割后成为 DNA 聚合酶合成第二条 cDNA 的引物，形成 cDNA。

（八）脱氧核糖核酸酶 I（DNase I，deoxyribonuclease I）

核酸切酶在存在 Mg^{2+} 的条件下，随机切割单、双链 DNA，产生 5'磷酸末端的单脱氧核苷酸和寡脱氧核苷酸。在 Mn^{2+} 存在时能将双链 DNA 同时切断，使得 DNA 片段化。

其活性依赖于 Ca^{2+}（辅因子），活化剂为 Mg^{2+}，抑制剂为螯合剂（EDTA 等）。

为避免 DNase 污染，用具要高温处理，样品中加 EDTA，抑制酶活性；或冰水中灭活。

用途有两种：除去 RNA 样品中污染的基因组 DNA；转录反应后 DNA 模板的降解。

（九）核酸酶 S1（nuclease S1）

切酶（高度单链特异）酶解单链 DNA、单链 RNA，产生 5'-磷酸的单核苷酸或寡核苷酸，对双链 DNA、双链 RNA 和 DNA-RNA 杂交体相对不敏感。

需要低水平的 Zn^{2+} 激活，pH 值为 4.0～4.3，抑制剂为螯合剂（EDTA、柠檬酸等）、磷酸缓冲液和 0.6%左右的 SDS 溶液。

S1 核酸酶的水解功能可以作用于双链核酸分子的单链区，并从单链部分切断核酸分子，且这种单链区可以小到只有一个碱基对的程度。作用包括去除 DNA 片段中突出的单链末端，切开合成 ds DNA 时形成的"发夹"结构。

（十）核酸酶 *Bal*31

水解超螺旋 DNA 呈开环状，进而成为线状 DNA。

有外切酶活性，在 Mg^{2+}、Ca^{2+} 参与下，能从 DNA 双链两端连续向中间切割水解。可用于 DNA 链的限制性切酶切割位点分析（绘制 DNA 限制图谱），缩短 DNA 片段。

（十一）核酸外切酶（exonuclease）

它是具有从 DNA 分子链的末端顺次水解磷酸二酯键而生成单核苷酸作用的酶，包括两种：①水解磷酸二酯键的 5'端生成 3'-单核苷酸的酶；②水解磷酸二酯键的 3'端生成 5'-单核苷酸的酶（大肠杆菌核酸外切酶$^{Ⅰ、Ⅱ、Ⅲ}$）。

核酸外切酶^{Ⅲ}从双链 DNA3'OH 逐一降解切除 5'单核苷酸。

不降解单链 DNA 或 3'突出的双链 DNA。具有多种酶活性，包括对无嘌呤 DNA 特异的核酸切酶活性、3'磷酸酶活性、3'外切酶活性、RNase H 活性。

Exonuclease^{Ⅲ}（核酸外切酶^{Ⅲ}）具有以下 4 种催化活性：①3'→5'外切脱氧核糖核酸切酶活性，尤其适合双链：Exonuclease^{Ⅲ}（核酸外切酶^{Ⅲ}）降解 dsDNA 的平末端、5'-突出末端或切口，从 DNA 链的 3'-端释放 5'-单磷酸核苷酸，产生单链 DNA 片段。该酶对具有 3'-突出末端（至少有 4 个碱基，且具有 3'-末端 C 残基）的 DNA（1）、单链 DNA、硫代磷酸酯连接的核苷酸无活性。②3'-磷酸酶活性：Exo^{Ⅲ} 切除 3'-末端的磷酸基团，产生 3'-OH 基团。③RNaseH 活性：Exo^{Ⅲ} 外切核酸酶活性，降解 RNA-DNA 杂合体中的 RNA 链。④脱嘌呤/脱嘧啶-内切核酸酶活性：Exonuclease^{Ⅲ}（核酸外切酶^{Ⅲ}）切割脱嘌呤或脱嘧啶位点的磷酸二酯键，产生 5'-端无碱基的脱氧核糖 5'-磷酸残基。Exonuclease^{Ⅲ}（核酸外切酶^{Ⅲ}）切割 DNA 的速度极大程度上依赖于反应温度、盐浓度以及 DNA 与酶的摩尔比例（4，8）。每次实验的优化条件都需重新测试。

核酸外切酶^{Ⅲ}与核酸酶 S1 合用可使克隆的 DNA 分子产生缺失（delection，DNA 链上一个或一段核苷酸的消失）。核酸外切酶^{Ⅲ}与底物的每次结合，只切除最末的几个核苷酸，从而使双链 DNA 产生渐进缺失。最适底物为平末端或 3'凹陷末端 DNA。3'突出末端抵抗该酶的切割，抗拒程度随3'突出末端的长度而改变（>4碱基完全不能被切割）。对于一端是抗性位点（3'突出端）、一端是敏感位点（5'突出端或平末端）的线性DNA分子，可以产生单向缺失。

例如，将双链DNA用产生不同末端的限制性切酶双酶切后，利用Exo Ⅲ的3'→5'的外切酶活性，从一端降解，得到互补的单链DNA和5'-单核苷酸。与Bal 31Nuclease相比，碱基特异性小，如在富含GC的位置上，由于反应停止的概率较低，可用于DNA的Delection制作。

（十二）多核苷酸激酶（polynucleotide kinase）

催化磷酸基从ATP转移到DNA、RNA、寡核苷酸等分子的5'-羟基末端。

用途包括对缺乏5'-磷酸的DNA或合成接头磷酸化；对5'OH末端进行同位素标记。

$$\begin{matrix} 5'HO——OH\ 3' \\ 3'HO——OH\ 5' \end{matrix} \xrightarrow[\text{多核苷酸激酶}]{[r^{32}P]\text{-ATP}} \begin{matrix} 5'\,^{32}P——OH\ 3' \\ 3'\ HO——^{32}P\ 5' \end{matrix}$$

标记底物为$[r^{32}P]$-ATP。一般天然存在的核酸不存在5'-羟基而有5'-磷酰基，标记时，应先用碱性磷酸酯酶将5'-磷酰基除去（脱磷）。

（十三）碱性磷酸酯酶（alkaline phosphatase）

除去DNA、RNA的5'-磷酰基，防止片段间彼此连接（自身环化）。标记（5'）前除去DNA或RNA的5'-磷酰基。

（十四）末端转移酶（TdT，terminal deoxynucleotide transferase）

指一种不需要引物就能将脱氧核苷三磷酸（dNTP）加到某DNA片段上3'-OH上的酶。可进行DNA3'末端加尾和标记。

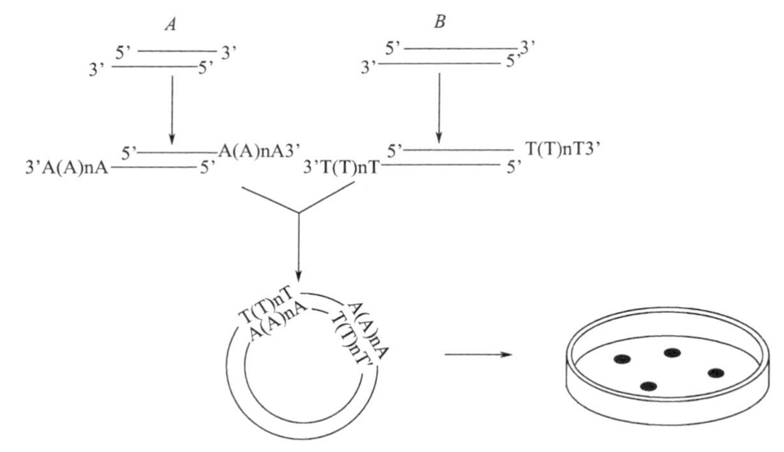

附录九　常用植物营养液配方

植物液体培养基的产生最早源于 Sacks(1860)和 knop(1861)对绿色植物的成分的分析研究，根据植物从土中吸收无机盐营养而设计出由无机盐组成的 Sacks 和 knop 溶液。有的至今仍在使用，作为基本的无机盐培养基得到广泛应用。后人根据不同目的进行改良产生了多种培养基。

一、Sacks 和 Knop 培养基配方

Knop 液体培养基(Knop's liquid medium)是藻类培养基。

配方如下：

成分	含量
$Ca(NO_3)_2 \cdot 4H_2O$	1.0 g
$MgSO_4 \cdot 7H_2O$	0.25 g
KH_2PO_4	0.25 g
KCl	0.12 g
$FeCl_3 \cdot 6H_2O$	0.004
Modified Nitsche's Trace element	1 mL
双蒸水	1000 mL

配制方法：121 ℃高压蒸汽灭菌 15 min。

二、White 培养基配方

	成分	分子量	使用浓度 /(mg/L)
大量元素	硝酸钾 KNO_3	101.11	80
	氯化钾 KCl	74.55	65
	磷酸二氢钾 $KH_2PO_4 \cdot H_2O$	154.09	19.1
	硫酸镁 $MgSO_4 \cdot 7H_2O$	246.47	738
	硝酸钙 $Ca(NO_3)_2 \cdot 4H_2O$	147.02	287

续表

	成分	分子量	使用浓度 /(mg/L)
微量元素	碘化钾 KI	166.01	0.83
	硼酸 H_3BO_3	61.83	6.2
	硫酸锰 $MnSO_4 \cdot 4H_2O$	223.01	22.3
	硫酸锌 $ZnSO_4 \cdot 7H_2O$	287.54	8.6
	钼酸钠 $Na_2MoO_4 \cdot 2H_2O$	241.95	0.25
	硫酸铜 $CuSO_4 \cdot 5H_2O$	249.68	0.025
	氯化钴 $CoCl_2 \cdot H_2O$	237.93	0.025
铁盐	乙二胺四乙酸二钠 $Na_2 \cdot EDTA$	372.25	37.3
	硫酸亚铁 $FeSO_4 \cdot 7H_2O$	278.03	27.8
有机成分	肌醇		100
	甘氨酸		2
	盐酸硫胺素 VB1		0.1
	盐酸吡哆醇 VB6		0.5
	烟酸 VB5 或 VPP		0.5
其他	蔗糖 sucrose	342.31	30 g /L
	琼脂 agar		7 g /L

三、Hoagland's(霍格兰氏)营养液配方

硝酸钙 945 mg/L

硝酸钾 607 mg/L

磷酸铵 115 mg/L

硫酸镁 493 mg/L

铁盐溶液 2.5 mL/L

微量元素 5 mL/L

pH 值=6.0

改良霍格兰氏配方如下：

四水硝酸钙 945 mg/L

硝酸钾 506 mg/L

硝酸铵 80 mg/L

磷酸二氢钾 136 mg/L

硫酸镁 493 mg/L

铁盐溶液 2.5 mL

微量元素液 5 mL

pH 值=6.0

其中，铁盐溶液配方如下：

七水硫酸亚铁 2.78 g

乙二胺四乙酸二钠(EDTA. Na) 3.73 g

蒸馏水 500 mL

pH 值=5.5

微量元素液配方如下：

碘化钾 0.83 mg/L

硼酸 6.2 mg/L

硫酸锰 22.3 mg/L

硫酸锌 8.6 mg/L

钼酸钠 0.25 mg/L

硫酸铜 0.025 mg/L

氯化钴 0.025 mg/L

若作为复合肥使用，可以采用天然水配制，省略微量元素液。若作为无土栽培营养液，需用人工软水配制，蒸馏水、微量元素液必须加入。

经常将上述营养液配成 10 倍或 20 倍浓度，用时稀释即可。注意用前调整 pH 值。

四、MS 培养基(Murashige-Skoog)

MS 培养基是 Murashige 和 Skoog 于 1962 年为烟草细胞培养设计的，其特点是无机盐和离子浓度较高，是较稳定的离子平衡溶液。它的硝酸盐含量高，其养分的数量和比例合适，能满足植物细胞的营养和生理需要，因而适用范围比较广，多数植物组织培养快速繁殖时用它作为培养基的基本培养基。基于此，这种培养基就用他们的名字来命名了。植物组织培养中常用的一种培养基是 MS 培养基。

1. 配制步骤

每次使用时，取其总量的 1/20(50 mL)或 1/200(5 mL)，加水稀释，制成培养液。现将制备培养基母液所需的各类物质的量列出(单位为 mg/L)，供配制时使用。

大量元素(母液Ⅰ)

NH_4NO_3	33000
KNO_3	38000
$CaCl_2 \cdot 2H_2O$	8800
$MgSO_4 \cdot 7H_2O$	7400
KH_2PO_4	3400

微量元素(母液Ⅱ)

KI	16.6
H_3BO_3	1240
$MnSO_4 \cdot 4H_2O$	4460
$ZnSO_4 \cdot 7H_2O$	1720
$Na_2MoO_4 \cdot 2H_2O$	50

$CuSO_4 \cdot 5H_2O$ 5

$CoCl_2 \cdot 6H_2O$ 5

铁盐(母液Ⅲ)

$FeSO_4 \cdot 7H_2O$ 5560

Na_2-EDTA $\cdot 2H_2O$ 7460

有机成分(母液Ⅳ)ⅣA

肌醇 20000

有机成分ⅣB

烟酸 100

盐酸吡哆醇(维生素 B6) 100

盐酸硫胺素(维生素 B1) 20

甘氨酸 400

以上各种营养成分的用量,除了母液Ⅰ为 20 倍浓缩液外,其余的均为 200 倍浓缩液。

上述几种母液都要单独配成 1000 mL 的贮备液。

母液Ⅰ、母液Ⅱ及母液Ⅳ的配制方法是:每种母液中的几种成分称量完毕后,分别用少量的蒸馏水彻底溶解,然后再将它们混溶,最后定容到 1 L。

母液Ⅲ的配制方法是:将称好的 $FeSO_4 \cdot 7H_2O$ 和 Na_2-EDTA $\cdot {}_2H_2O$ 分别放到 450 mL 蒸馏水中,边加热边不断搅拌使它们溶解,然后将两种溶液混合,并将 pH 值调至 5.5,最后定容到 1000 mL,保存在棕色玻璃瓶中。各种母液配完后,分别用玻璃瓶贮存,并且贴上标签,注明母液号、配制倍数、日期等,保存在冰箱的冷藏室中。

MS 培养基中还需要加入2,4-二氯苯氧乙酸(2,4-D)、萘乙酸(NAA)、6-苄基嘌呤(6-BA)等植物生长调节物质,并且分别配成母液(0.1 mg/mL)。**其配制方法是:**分别称取这 3 种物质各 10 mg,将 2,4-D 和 NAA 用少量(1 mL)无水乙醇预溶,将 6-BA 用少量(1 mL)的物质的量浓度为 0.1 mol/L 的 NaOH 溶液溶解,溶解过程需要水浴加热,最后分别定容至 100 mL,即得质量浓度为 0.1 mg/mL 的母液。

配制培养液时,用量筒或移液管从各种母液中分别取出所需的用量:母液Ⅰ为 50 mL,母液Ⅱ、Ⅲ、ⅣA 和ⅣB 各为 5 mL。再取 2,4-D 5 mL、NAA 1 mL,与各种母液一起放入烧杯中。

2. 注意事项

(1)在使用提前配制的母液时,应在量取各种母液之前,轻轻摇动盛放母液的瓶子,如果发现瓶中有沉淀、悬浮物或被微生物污染,应立即淘汰这种母液,重新进行配制;为防止母液被微生物污染,有机母液放在冰箱里 4 ℃保存 .

(2)用量筒或移液管量取培养基母液之前,必须用所量取的母液将量筒或移液管润洗 2 次。

(3)量取母液时,最好将各种母液按将要量取的顺序写在纸上,量取 1 种,划掉 1 种,以免出错。熔化琼脂时用粗天平分别称取琼脂 9 g、蔗糖 30 g,放入 1000 mL 的搪瓷量杯中,再加入蒸馏水 750 mL,用电炉加热,边加热边用玻璃棒搅拌,直到液体呈半透明状。然后再将配好的混合培养液加入到煮沸的琼脂中,最后加蒸馏水定容至 1000 mL,搅拌均匀。

需要注意的是,在加热琼脂制备培养基的过程中,**操作者千万不能离开**,否则沸腾的琼脂外溢,就需要重新称量、制备。此外,**如果没有搪瓷量杯,可用大烧杯代替。**但要注意大烧杯底的外表面不能沾水,否则加热时烧杯**容易炸裂**,使溶液外溢,**造成烫伤**。调 pH 值时用滴管吸取物质的量浓度为1 mol/L 的 NaOH 溶液,逐滴滴入熔化的培养基中,边滴边搅拌,并随时用 pH 值试纸测培养基的 pH 值,一直调到培养基的 pH 值为6(5.8～6.5)左右为止。培养基分装时要注意熔化的培养基应该趁热分装。分装时,先将培养基倒入烧杯中,然后将烧杯中的培养基倒入锥形瓶(50 mL 或 100 mL)中。**注意不要让培养基沾到瓶口和瓶壁上。**锥形瓶中培养基的量约为锥形瓶容量的 1/5～1/4。每 1000 mL 培养基可分装 25～30 瓶。培养基分装完毕后,应及时封盖瓶口。用 2 块硫酸纸(每块大小约为 9 cm×9 cm)中间夹 1 层薄牛皮纸封盖瓶口,并用线绳捆扎。最后在锥形瓶外壁贴上标签。

3. 灭菌步骤

培养基的高压灭菌包括以下几个步骤:

第一,码放锥形瓶。将装有培养基的锥形瓶直立于金属小筐中,再放入高压蒸气灭菌锅内。如果没有金属小筐,可以在两层锥形瓶之间放一块玻璃板隔开。

第二,放置其他需要灭菌的物品。将其他需要灭菌的物品也放入高压蒸气灭菌锅内,如装有蒸馏水的锥形瓶、带螺口盖的玻璃瓶、烧杯、广口瓶(以上物品都要用牛皮纸封口),用报纸包裹的培养皿、剪刀、解剖刀、镊子、滤纸、铅笔等。

第三,灭菌。待需要灭菌的物品码放完毕,盖上锅盖。在 98 kPa、121 ℃下,灭菌 20 min。灭菌后取出锥形瓶,让其中的培养基自然冷却凝固后再使用。

五、国际水稻研究所常规水稻营养液配方

大量元素贮备液 1 L			
元素	营养液浓度/ppm①	使用盐类	用量/(g/L)
N	40	NH_4NO_3	114.3
P	10	NaH_2PO_4	50.4
K	40	K_2SO_4	89.3
Ca	40	$CaCl_2$	110.8
Mg	40	$MgSO_4 \cdot 7H_2O$	410.8
		$MgSO_4$	200
Mn	0.5	$MnCl_2 \cdot 4H_2O$	1500
Mo	0.05	$(NH_4)_6 \cdot Mo_7O_{24} \cdot 4H_2O$	74
B	0.2	H_3BO_3	934
Zn	0.01	$ZnSO_4 \cdot 7H_2O$	35

① 1 ppm=10^{-6}。

续表

大量元素贮备液 1 L			
元素	营养液浓度/ppm	使用盐类	用量/(mg/L)
Cu	0.01	$CuSO_4 \cdot 5H_2O$	31
Fe	2.0	$FeCl_3 \cdot 6H_2O$($FeCl_3$)	7700(4621)
		柠檬酸(水合物)	11900

配置微量元素时，应先分别溶解，再与 50 mL H_2SO_4 混匀，加 ddH_2O 稀释至 1000 mL。使用时，每 10 L 培养液加入 12.5 mL 微量元素贮备液。

培养液 pH 值为 5.5～6.0、4.0～5.0 时，水稻长势较好。